宝宝辅食

黄金计划 视频版

刘长伟　编著

扫码观看232道
辅食制作视频！

江苏凤凰科学技术出版社·南京

U0260533

图书在版编目（CIP）数据

宝宝辅食黄金计划：视频版 / 刘长伟编著 . —— 南京：江苏凤凰科学技术出版社，2024.07
（2025.01重印）

　　ISBN 978-7-5713-4294-4

I. ①宝… II. ①刘… III. ①婴幼儿 - 食谱 IV. ① TS972.162

中国国家版本馆 CIP 数据核字（2024）第 045466 号

中国健康生活图书实力品牌
版权归属凤凰汉竹，侵权必究

宝宝辅食黄金计划：视频版

编　　　　著	刘长伟
责 任 编 辑	刘玉锋
特 邀 编 辑	陈　旻
责 任 校 对	仲　敏
责 任 设 计	蒋佳佳
责 任 监 制	刘文洋

出 版 发 行	江苏凤凰科学技术出版社
出版社地址	南京市湖南路 1 号 A 楼，邮编：210009
出版社网址	http://www.pspress.cn
印　　　刷	江苏凤凰新华印务集团有限公司

开　　　本	720 mm×1000 mm　1/16
印　　　张	17
字　　　数	200 000
版　　　次	2024 年 7 月第 1 版
印　　　次	2025 年 1 月第 3 次印刷

标 准 书 号	ISBN 978-7-5713-4294-4
定　　　价	42.00 元

图书如有印装质量问题，可向我社印务部调换。

前言

辅食究竟什么时候开始添加？

易过敏的食物是不是越晚添加越好？

宝宝不满1岁，可以吃盐和糖吗？

……

很多家长都反映，辅食阶段的食物非常难选择，既担心宝宝的进食能力，又担心营养是否足够，还要考虑宝宝爱不爱吃。同时，很多家长不知道，同一种食材，如果添加的时机不对，就有可能从宝宝的"好伙伴"变成"坏朋友"。

辅食添加是孩子从吸吮到咀嚼、从流质食物到固体食物、从触摸食物到认知食物的重要环节，走好这一步，对于孩子的成长至关重要。然而，面对众说纷纭的辅食添加问题，不少家长或纠结或困惑。为了让新手父母少走弯路，让宝宝吃得好长得壮，本书根据中国宝宝每个阶段的发育特点和成长需求，从儿童营养学的角度解答了这些问题。

本书系统介绍了辅食添加的基础知识、原则和进阶指导，精心设计7~12个月的辅食推荐一日总安排和辅食添加月计划；提供的233道辅食，包括主食、菜品和汤羹，制作方法简明清晰，成品图片赏心悦目，家长读一遍就能轻松上手；更有10类食疗方，让家长轻松搞定宝宝缺钙、缺铁等常见的小烦恼，成为宝宝贴心的"保健医生"；每一道辅食均标注食材营养成分，兼顾营养和美味，让家长看得清楚，学得明白。

每个孩子都是独特的个体，对食物的喜好各不相同。翻开本书，家长将学会在保证食物营养的前提下为孩子合理地添加辅食，让孩子爱上吃饭，建立规律的饮食习惯。

目 录

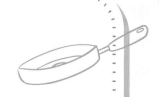

6~7个月（180~210天）
宝宝最初的辅食

7～8个月（210～240天）
为自主进食做准备

9～10个月（270～300天）
让宝宝自己抓东西吃

10~11个月（300~330天）
让宝宝使用勺子

1岁以后
向成人饮食过渡

缺什么补什么
增强体质少生病

注：本书所有辅食，食材用量不是宝宝一次的进食量，家长可根据宝宝情况灵活改变。如果一次做多了，可以放入冰箱冷冻保存。

辅食
添加前

宝宝满6个月后，添加辅食就成为养育中的一件大事。爸爸妈妈不要担心，在这里，你将了解辅食添加的基本知识，为宝宝添加辅食做好充分的准备。

辅食添加到底听谁的

辅食添加六大准则

中国营养学会、中国营养学会妇幼营养分会在最新制定的"7~24月龄婴幼儿喂养指南"中提出了辅食添加的六大准则。家长只要牢记这六大准则，就能轻松实现科学喂养，帮助宝宝培养良好的饮食习惯，助力宝宝长高及大脑发育。

准则 1：继续母乳喂养，满 6 月龄起必须添加辅食，从富含铁的泥糊状食物开始

· 婴儿满 6 月龄后继续母乳喂养到两岁或以上。

· 从满 6 月龄起逐步引入各种食物，辅食添加过早或过晚都会影响健康。

· 首先添加肉泥、肝泥、强化铁的婴儿谷粉等富铁的泥糊状食物。

· 有特殊需要时须在医生的指导下调整辅食添加时间。

准则 2：及时引入多样化食物，重视动物性食物的添加

· 每次只引入一种新的食物，逐步达到食物多样化。

· 不盲目回避易过敏食物，1 岁内适时引入各种食物。

· 从泥糊状食物开始，逐渐过渡到固体食物。

· 逐渐增加辅食频次和进食量。

准则 3：尽量少加糖盐，油脂适当，保持食物原味

· 婴幼儿辅食应单独制作。

· 保持食物原味，尽量少加糖、盐及各种调味品。

· 辅食应含有适量油脂。

· 1 岁以后逐渐尝试淡口味的家庭膳食。

准则 4：提倡回应式喂养，鼓励但不强迫进食

· 进餐时父母或喂养者与婴幼儿应有充分的交流，识别其饥饱信号，并及时回应。

· 耐心喂养，鼓励进食，但绝不强迫喂养。

· 鼓励并协助婴幼儿自主进食，培养进餐兴趣。

· 进餐时不看电视，不玩玩具，每次进餐时间不超过20分钟。

· 父母或喂养者应保持自身良好的进餐习惯，成为婴幼儿的榜样。

准则 5：注重饮食卫生和进食安全

· 选择安全、优质、新鲜的食材。

· 制作过程始终保持清洁卫生，生熟分开。

· 不吃剩饭，妥善保存和处理剩余食物，防止进食意外。

· 饭前洗手，进食时应有成人看护，并注意进食环境安全。

准则 6：定期监测体格指标，追求健康生长

· 体重、身长、头围等是反映婴幼儿营养状况的直观指标。

· 每3个月测量一次身长、体重、头围等体格生长指标。

· 平稳生长是婴幼儿最佳的生长模式。

· 鼓励婴幼儿爬行、自由活动。

注：以上辅食添加准则将在下文做详细说明。

🕐 中国 7~24 月龄婴幼儿平衡膳食宝塔

	7~12 月龄	13~24 月龄
盐	不建议额外添加	0~1.5 克
油	0~10 克	5~15 克
蛋类	15~50 克 (至少 1 个鸡蛋黄)	25~50 克
畜禽肉鱼类	25~75 克	50~75 克
蔬菜类	25~100 克	50~150 克
水果类	25~100 克	50~150 克

继续母乳喂养, 逐步过渡到谷类为主食

	母乳700~500毫升	母乳600~400毫升
谷类	20~75 克	50~100 克

注: 不满6月龄添加辅食, 须咨询专业人士再做决定。

- ·继续母乳喂养
- ·满6月龄开始添加辅食
- ·从肉/肝泥,铁强化谷粉等糊状食物开始
- ·母乳或奶类充足时不需补钙
- ·仍需要补充维生素D, 每天400国际单位
- ·回应式喂养, 鼓励逐步自主进食
- ·逐步过渡到多样化膳食
- ·辅食不加或少加盐、糖和调味品
- ·定期测量体重和身长
- ·饮食卫生、进食安全

了解辅食添加基础知识，家长更从容

⏱ 为什么辅食添加很重要

添加辅食的目的是让依靠母乳或配方奶来获取营养的宝宝逐步从母乳或配方奶以外的食物中获取营养。先从和液体相近的食物开始，慢慢变为固体食物，从接触、感受到尝试，让宝宝体验各类食材，同时帮助宝宝进行咀嚼锻炼。

·培养好奇心

6个月左右的宝宝，会出现类似吃东西的动作，这是开始添加辅食的信号。之后，宝宝会慢慢开始用手将食物送入口中，或者拿起餐具来吃东西，这说明宝宝已经有了"想要自己吃饭"的意识。此时正是丰富宝宝辅食体验，培养宝宝独立探索及好奇心的好时机！家长可以放手让宝宝体验，用手触摸、用嘴巴品尝食物。在添加辅食这件事上，家长不焦虑，宝宝会吃得更开心。

·供给所需能量和营养物质

出生满6个月的宝宝，仅靠妈妈的乳汁将无法满足所有营养需求，需要从辅食中获得充足的铁、锌、维生素C等营养素。为了满足宝宝健康成长的需求，及时添加营养丰富的辅食来补充所需能量和营养物质十分有必要。

宝宝满6个月，看到餐桌上的食物就会用小手去抓握，尝试把食物送进嘴里。这是宝宝对食物好奇的表现，也是添加辅食的信号。

· 帮助宝宝学会咀嚼、吞咽

对于6个月左右的宝宝来说,"吃"这个动作和过程实际上非常复杂。首先,要用手、嘴、下颌、舌头将食物送入口中。接着,要用牙齿嚼碎食物。然后,要用唾液将食物初步消化。最后,要在舌头的帮助下将食物吞咽下去,送入食道。依靠进食辅食反复练习这一系列复杂的动作,可以促进宝宝"咀嚼""吞咽"功能的发育。

· 味觉的培养

酸、甜、苦、鲜、咸是最基本的五种味道。感知五味是人与生俱来的能力。辅食可以让宝宝的味觉世界变得丰富。味觉不光能够帮助人区分维持生命所必需的各种味道,以及辨别危险的味道,还和饮食的乐趣紧密相关。在这一阶段,要让宝宝体验各种各样的味道,刺激他们味觉的发育。

菜泥、果泥、肉泥本身就味道丰富,让宝宝养成吃原味食物的习惯,可以预防宝宝出现挑食、偏食等问题。

· 构建饮食习惯的基础

辅食应配合手、口、齿、舌等活动能力的提高以及消化系统的发育,来增添食材的种类。喂食次数也应从1天1次开始逐渐增加。最后,宝宝就可以和大人一样,1日3餐,同时可以吃1次或2次加餐。适时添加辅食,可以帮助宝宝建立规律的生活节奏,为宝宝养成良好的饮食习惯打好基础。家长应该从添加辅食那一刻起,将培养宝宝自主进食的能力贯穿其进食的始终。

⏱ 辅食添加不光看月龄，还要看信号

世界卫生组织、美国儿科学会和中国营养学会都建议给0~6个月宝宝进行纯母乳喂养。对于健康足月出生的宝宝来说，引入辅食的推荐时间为满6月龄，即出生180天后。此时，宝宝的胃肠道等消化器官已经相对发育完善，可消化母乳以外的多样化食物。同时，宝宝的口腔运动功能，味觉、嗅觉、触觉等感知能力，以及心理、认知和行为能力也已准备好接受新的食物。然而，建议满6个月添加辅食，并不意味着所有宝宝都按照这个标准。其实，什么时候为宝宝添加辅食，不应只看月龄这个大前提，还应该根据宝宝发出的信号来判断。

宝宝发出的添加辅食的信号有哪些

信号1 对大人的饭菜感兴趣

大人吃饭时，宝宝会很感兴趣，出现抓勺子、抢筷子等行为，还会模仿大人的动作将手或玩具往嘴里塞。

信号2 每日喝奶量达到1000毫升，但宝宝仍处于饥饿状态

宝宝每日喝奶量达到1000毫升，但仍处于饥饿状态。母乳喂养的宝宝，奶量不好判断，可以结合增加吃奶次数、延长吸吮时间（持续3天以上）及体重增加等情况来判断母乳是否满足宝宝的能量需求。

信号3 推舌反射消失

用勺子将食物喂给宝宝的时候，宝宝不再用舌头将食物和勺子顶出来。把泥糊状食物抹到宝宝舌尖时，宝宝有可能会吞咽下去。刚开始时动作还不熟练，吐出来的比咽下去的多。

信号4 能够靠着坐稳

宝宝能够扶坐或靠着坐，能挺起胸、竖起头，可以通过转头、前倾、后仰等动作表达想吃或不想吃的意思。

一般而言，正常生长发育的宝宝会在满6个月以后具备吃辅食的条件，早产宝宝则在矫正月龄满4~6个月以后。家长需要根据具体情况选择合适的时机添加辅食。

辅食添加并不是比赛，千万不要抢跑。辅食添加过早，尤其是宝宝刚满4个月就开始添加辅食，对于母乳喂养的宝宝来说，会减少母乳喂养的量或缩短母乳喂养的时间，还有可能增加宝宝今后肥胖的风险。辅食添加过迟，尤其是营养丰富的辅食添加得不及时，容易造成宝宝蛋白质、铁、锌、碘、维生素A等营养素缺乏，还容易导致喂养困难，给宝宝今后的生长发育带来很大麻烦。近年来的研究发现，过早或者过晚添加辅食，都可能增加宝宝食物过敏或患过敏性疾病的风险。因此，家长要把握好辅食添加的时机。

🕐 辅食添加没有绝对的顺序

辅食添加没有绝对的顺序，宝宝的第一口辅食可以是婴儿米粉，但必须确保是强化铁的，且不含盐和糖。这是因为：第一，宝宝需要铁元素；第二，容易消化吸收；第三，致敏性较低，没有额外加盐，不会增加肾脏排泄负担；第四，操作简单方便。随后，建议家长尽早尝试为宝宝添加肝泥、红肉泥、鸡肉泥、鱼肉泥、豆腐泥等，注意性状细腻、操作卫生等即可。当然，宝宝的第一口辅食可以直接尝试肉泥。

高铁婴儿米粉有助于预防宝宝缺铁或出现缺铁性贫血，可以作为宝宝最初的辅食之一。

· 第一口辅食首选富含铁的

中国营养学会编著的《中国居民膳食指南（2022）》中的"7~24月龄婴幼儿喂养指南"就"如何添加第一口辅食"指出："从富含铁的泥糊状食物开始，第一口辅食可以选择如肉泥、蛋黄、强化铁的婴儿米粉等。建议用母乳和/或婴儿熟悉的配方奶将食物调至稍稀的泥糊状。"由此可以看出，宝宝的第一口辅食不一定是强化铁婴儿米粉，但应尽早引入这类营养丰富且富含铁的辅食。中国营养学会在"7~24月龄婴幼儿喂养指南"里，把肉、蛋、鱼、禽类动物性食物列为优质的辅食。

⏱ 辅食添加要把握营养均衡的理念

宝宝正处于生长发育的旺盛期，膳食营养均衡对他们非常重要。如果营养供给不均衡，就可能会影响宝宝生长发育，还可能使宝宝抵抗力降低，易患疾病。为了保证宝宝营养均衡，享受多种食物带来的乐趣，家长应注意以下3点。

1. 适时增加辅食

宝宝从满6月龄（出生180天）起逐步添加辅食，从泥糊状食物开始，逐步向颗粒状、半固体或固体食物过渡，及时添加肉、鱼、蛋等动物性食物；当宝宝7~8个月或能够独立坐稳的时候，就可以尝试手指食物，如煮软的小块西蓝花、压扁的豌豆、小块鸡肉、手指饼干等；1岁以后的宝宝可以逐步尝试家庭生活中的普通食物。随着宝宝月龄的增长，喂辅食的次数应该增加。7~9个月每日可喂辅食2次，10~12个月每日2次或3次，13~24个月时每日可以安排3次。具体可以结合宝宝的实际情况安排，逐步让宝宝规律进食。

鸡肉、时蔬打成泥后做成肉饼，营养又美味，还可以将这些食材切成条状、块状，让宝宝拿着吃，锻炼宝宝自主进食的能力。

2. 适时增加固体食物

有些家长担心宝宝没有牙齿，咀嚼能力不强，经常给宝宝喂稀饭、面汤、米糊、菜汤之类的食物。这些食物对于宝宝来说，能量低、营养密度低，属于较为初级的辅食，长期单一食用，容易造成宝宝营养素缺乏，影响宝宝的生长发育。给宝宝添加辅食，一方面要营养丰富，另一方面要逐步改变辅食性状，逐步过渡到固体食物，让宝宝学会自己"吃饭"。

3. 适当增加动物性食物

按营养学家观点，食物可分为植物性食物和动物性食物，二者营养成分有所区别。虽然一些植物性食物中含有丰富的铁、锌等营养素，但因含有较多的草酸、膳食纤维等，阻碍了营养素的吸收利用。比如菠菜中的草酸，可以与钙、铁、锌等营养素结合，生成不易被人体吸收的草酸钙、草酸铁、草酸锌。要预防缺铁性贫血和其他微量元素的缺乏，家长应在宝宝的食物中适当增加动物性食物（包括肉、蛋、鱼、虾等）的摄入量。

学会回应式喂养，让宝宝爱上辅食

足量进食、营养均衡对宝宝的成长起着关键作用，而喂养模式的不同也会导致宝宝的饮食行为和生长发育的差异。中国营养学会提倡回应式喂养，即鼓励但不强迫宝宝进食。研究表明，回应式或顺应式喂养能降低宝宝生长发育迟缓、超重和肥胖的风险。

·回应式喂养对家长的要求

□ 选择安全、有营养的食物，根据宝宝的月龄准备性状、大小合适的辅食。

□ 按照宝宝的生活习惯安排进餐时间。

□ 创造良好的进餐环境，包括提供适当的进餐用具（桌子、椅子、餐具等），避免出现分散注意力的东西（如电子产品、玩具）。

□ 细心观察宝宝的反应，及时回应宝宝发出的饥饿或饱足的信号。

□ 允许宝宝自主进食，学习进食技能。

□ 允许宝宝挑选自己喜欢的食物，自主决定吃什么、吃多少。

□ 以身作则，饮食多样，不偏食，便于宝宝模仿学习。

·回应式喂养的注意事项

□ 家长应为宝宝提供各种不同的食物，用足够的耐心提升宝宝对食物的接受度。

□ 保持宝宝每天的进食规律。

□ 逐步培养宝宝的进食能力，教宝宝使用勺子、用杯子饮水，鼓励宝宝参与家长准备食物的过程。

□ 强迫宝宝进食在短期内可能有效，但最终会导致喂养困难。

□ 家长或喂养者对宝宝进食应该保持中立态度，不打骂或恐吓宝宝。不能将进食和给予不同的食物作为对宝宝的惩罚或奖励。

进食习惯问题

⏱ 辅食在哪儿喂有讲究

有不少宝宝在家长尝试喂辅食一个月后，仍然不能接受辅食，这可能不是因为辅食选择得不合适，而是因为没有正确选择喂辅食的场所和时机。现实中，不少家长经常趁着宝宝玩耍的时候给他们喂辅食，或者是在宝宝明明没有任何进食欲望的时候喂辅食，这都是不合适的。

· 在哪儿给宝宝喂辅食与宝宝进食量关系大

很多家长没有意识到，辅食在哪儿喂也会影响宝宝吃辅食的兴趣。举个例子就容易理解了。作为成人，在外就餐的时候，总会挑安静、人少的地方，在这种环境下才能放松地品尝食物。宝宝吃辅食也是这样，要尽量选择固定的地方、安静的就餐环境，避免干扰。这样，宝宝才能放松地吃辅食。若宝宝此时依然没有任何进食欲望，可以暂缓进食。

· 在固定的地点给宝宝喂辅食，宝宝更容易接受

最初给宝宝喂辅食时，家长就应选择一个固定的地方，这有助于宝宝在心理上做好吃辅食的准备。这个地点可以选在家人吃饭的地方，可以在这个地方给宝宝准备一个高脚凳，这样宝宝就会形成条件反射，当家长把他放在餐桌旁边的高脚凳上时，他就知道要吃辅食了。让宝宝在心理上做好准备，喂宝宝吃辅食就会变得容易。所以，培养良好习惯至关重要，要让宝宝认识到吃饭是重要的事，是自己的事。作为家长，疼爱宝宝的方式也要恰当，追着宝宝"喂饭"这种方式应尽早停止，不要剥夺宝宝学习自我进食的机会。

⏱ 营造轻松愉快的用餐氛围

宝宝渐渐长大，逐渐对外界，特别是对爸爸妈妈的情绪有所感知。当宝宝拒绝吃辅食时，家长千万不要板起脸大声责备宝宝，甚至将食物硬塞给宝宝吃，这样只会适得其反——紧张、不愉快的气氛会破坏宝宝的食欲和进食兴趣。因此，想让宝宝顺利进餐，家长就要营造轻松愉悦的用餐氛围。宝宝在心情愉快、轻松的状态下吃辅食，也有利于养成良好的饮食习惯。

⏱ 限制进餐时长，才能吃得更好

饥饿是最好的"开胃药"，家长可以等到宝宝真正饿了再喂食，帮助宝宝逐渐养成正常进食的规律和习惯。但一些已习惯边吃边玩的宝宝，吃饭兴致不高，实施"饥饿疗法"时，宝宝即使已经饿了，也不会专心吃饭，往往吃到半饱状态时就开始玩了。这时，家长要注意控制宝宝吃饭的时长，一般20~30分钟后就要停止进食。等下次吃饭时间到了，再给宝宝吃。

宝宝吃饭时，家长可以在宝宝身旁放一只可爱的小饮水杯，让宝宝自主决定什么时候喝水。

· 饥饿刺激让宝宝明白吃饱的含义

很多宝宝这顿饭不好好吃，结果还没到下次吃饭的时间就已经饿了，闹着要吃饭。这时家长千万不能心软，要想尽办法分散宝宝的注意力，让宝宝玩喜欢的玩具、做喜欢的游戏，甚至可以带宝宝外出。这段时间可以给宝宝喝些水，但是不喂宝宝其他食物。如此反复几次，宝宝就会明白吃饭的真正含义——不吃饱就会饿肚子。

从吃辅食开始，培养宝宝自主进食的习惯

进食是人的本能行为，也是一种习得的技能。因为它不仅和消化系统的功能发育密切相关，也与感觉运动、神经心理的发展有关。对于宝宝而言，在短短一年左右的时间里，不仅需要逐步学会进食不同性状和种类的食物，还要掌握不同的进食方式。例如，从吸吮奶头到用手抓取食物，再到用碗勺进食。这对宝宝来说是一个挑战，也是一个循序渐进的锻炼过程。

· 及时提供"手抓食"

一般来说，8个月左右是宝宝开始自主进食的黄金期。标志着宝宝能尝试自主进食的信号有：能够坐稳，能用手抓握住食物放到嘴边，喜欢模仿成人的进食方式（如模仿成人吃饭时嘴巴反复咀嚼的动作），并且拒绝用被动喂食的方式进食喜欢吃的食物。当宝宝有以上行为时，家长可以为其提供合适的"手抓食"，即所谓的手指食物。提供什么类型的"手抓食"要根据宝宝的消化能力、抓握能力和咀嚼吞咽能力的发展情况而定。

辅食形态的3个阶段

第一阶段

为7~8个月的宝宝提供长条形的、方便抓握的软烂食物，如熟透的香蕉条、蒸南瓜条、蒸红薯条等。

第二阶段

为9~10个月的宝宝提供小颗粒的、便于抓捏的易嚼食物，如水煮撕碎的鸡胸肉、猕猴桃丁、压扁的豌豆、煮软的西蓝花等，也可提供一些需要牙床磨碎的食物（硬度以成熟香蕉为参照标准）。

第三阶段

为11~12个月的宝宝提供块状的耐嚼食物，如意面、鸡肉、黄瓜条、苹果片等。

·尽早接触勺子

用勺子进食是一个需要手、眼、嘴高度协调，并和上半身多组肌肉密切配合的复杂动作。一般来说，宝宝1岁以后才能初步用勺子自主进食。但这个能力并不是一蹴而就的，需要宝宝在1岁以前就开始逐步锻炼。

1.**玩勺子，熟悉进食用具**。宝宝能抓握时，家长可以用圆头粗柄的软勺供他们当玩具玩。这可以锻炼宝宝抓握勺子的能力，为今后正确使用勺子做准备。

2.**玩食物，激发用勺意识**。在宝宝吃饱后，家长可用碗盛一些易压碎的大块食物，如豆腐、鸡蛋黄等，允许他们拿勺子戳这些食物玩，让他们意识到勺子是用餐工具。

3.**舀食物，熟悉用勺方法**。在宝宝接受勺子后，还要帮助他们学会使用勺子。建议以游戏的形式引导宝宝进行练习，以提高他们使用勺子的热情。如搬食物游戏——将食物从一个碗里搬运到另外一个碗里。

4.**仿成人，体验进食成就**。宝宝进食始于模仿，家长可以准备一些比较容易用勺子舀起的黏稠状食物，如婴儿麦片或香蕉泥。以夸张、缓慢的动作演示进食动作，便于宝宝模仿学习。

5.**多实战，培养进食能力**。一般来说，宝宝1岁左右就可以多尝试使用勺子，1.5岁时可以用勺子把部分食物喂给自己，2岁时可以使用勺子轻松进食。宝宝尝试用勺子自喂的过程，是培养自我进食能力的过程，此时家长要多鼓励，多点耐心。

当辅食添加遇上过敏

⏱ 易过敏食物不是越晚添加越好

为了避免宝宝发生食物过敏，有些家长会有意识地推迟某些食物的添加时间，如易致过敏的鸡蛋、鱼类等。然而，近几年，美国儿科学会、中国营养学会通过研究发现，延迟引入容易致敏的食物并不会降低过敏风险，反而容易增加过敏风险。目前，没有任何证据表明，1岁以内避免食用易过敏食物对预防食物过敏有好处。适时引入易致敏食物有利于诱导免疫耐受，从而减少宝宝的过敏现象。

· 食物过敏也有"时效性"

引起宝宝过敏的某种食物并不一定终生不能食用。人体对食物的过敏反应受到很多因素的影响，而且具有"时效性"。随着宝宝年龄的增长，肠道及免疫功能的完善，食物过敏的症状会逐步消失。很多曾对奶、蛋、大豆和小麦过敏的宝宝到一定的年龄，过敏症状就消失了。当然，部分宝宝对一些食物引起的过敏，有可能伴随一生。有医学专家建议宝宝到了一定年龄，可尝试再次添加曾引起过敏的食物，看看过敏现象是否减轻或消失。

🥄 重新添加曾过敏食物的注意点

注意1 间隔3个月以上再重新尝试

有的食物过敏很快就出现耐受，有的则需要很长时间。比如，有的宝宝对牛奶蛋白过敏持续到1岁以后，有的则持续到3岁甚至5岁以后。什么时候再尝试，可以咨询医生和营养师，必要时可结合过敏原检测结果进行判断。

注意2 一种一种地添加，由少到多

在给宝宝添加一种曾过敏食物前，一定要确认前一种食物不会引起宝宝的过敏反应。

哪些症状提示宝宝可能对辅食过敏

添加辅食除了要考虑营养、口感、外观，能否促进宝宝的生长发育等因素外，还应特别注意预防过敏，尽早发现可能的食物过敏原，及时采取适当的治疗与干预措施，这对宝宝的健康至关重要。辅食添加过程中常见的过敏反应有以下3种。

·皮肤过敏

当家长给宝宝尝试吃了一种新的辅食后，宝宝出现荨麻疹、瘙痒、面部潮红等皮肤症状，可能是食物过敏引起的。

应对措施：果断暂停添加该食物，必要时可等过敏症状消失后再次引入，以便确定是否由该食物引起过敏。对于确定过敏的食物，可等3~6个月后再次尝试。症状明显时，要及时去医院治疗，缓解过敏相关症状。

·腹泻

为宝宝添加新的辅食后如果宝宝出现腹泻、大便带有血丝，同时伴有皮疹的情况，排除喂养不当及疾病等因素，可以考虑是由食物过敏引起的。

应对措施：及时停止添加这种食物，并继续回避3~6个月。腹泻严重的应及时就医。根据需要给宝宝口服补液盐，避免宝宝脱水。宝宝肠道黏膜正在恢复过程中，因此辅食的质地可以是半流质，同时选择一些易消化的食物。如果添加肉类，则最好是泥状或肉末状，易于宝宝消化吸收。

·便秘

便秘的常见原因是膳食纤维摄入过少或饮水量过少，过敏导致便秘比较少见。但排除以上因素后，可考虑是食物过敏引起的，可能会同时伴有皮疹、眼周发红、会阴部发红等。

应对措施：排查是哪种食物引起过敏，确定引起过敏的食物后，暂时回避，看症状是否好转。如果好转，则需要继续回避3个月甚至更久。

⏱ 少量逐一添加，可有效应对过敏

　　常见的易过敏食物，最好在宝宝8个月前都尝试一遍。只有在尝试后确实发生异常状况，才需要回避，不要毫无根据地回避任何食物。添加应从少量开始，逐步添加。在每添加1种新食物后，家长需耐心观察满3天，有异常状况就及时停止。下面介绍一些常见易致敏食物的添加方法。

·鸡蛋

　　宝宝满6月龄就可添加，先加蛋黄，因为蛋白比蛋黄更易致敏。

　　添加方法：煮或蒸，一定要熟透。鸡蛋加冷水下锅煮。水沸腾后再煮10分钟。取出蛋黄加温水或母乳、配方奶调成糊状。添加的量要循序渐进，第一次添加1/8个蛋黄，然后1/4个、1/2个，最后添加一整个。

·热带水果

　　一些热带水果容易引起过敏，如杧果、榴莲、椰子等。初次尝试只能少量，宝宝无异常反应后再逐渐增量。

　　添加方法：有的水果生吃时会过敏，加热或煮熟后吃就不易致敏了。如果宝宝对水果过敏，必要时可以把水果加热后再尝试。

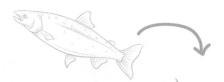

· **各种鱼类**

　　鱼类，尤其是深海鱼，属于高蛋白食物，营养丰富，但也比较容易引起过敏。宝宝满6月龄后可以尝试吃鱼，家长需要留心记录宝宝对不同种类鱼的反应。

　　添加方法：一周吃1次或2次鱼就可以了。可以先尝试淡水鱼，如鲈鱼。如果不过敏，可以继续尝试深海鱼，如三文鱼、鳕鱼等。

· **虾、蟹等壳类海鲜**

　　这类食物的致敏风险较高，给宝宝添加后需要密切关注宝宝的反应。有海鲜过敏家族史的，或者是过敏体质的宝宝，家长更要谨慎对待此类食物。

　　添加方法：少量、煮熟、煮透，在宝宝无异常反应的情况下慢慢加量。

· **花生、核桃、开心果等坚果**

　　无家族过敏史，满6月龄的宝宝可尝试磨碎的坚果和坚果酱，包括花生酱。3岁以下的宝宝不可以吃整颗的坚果，以免发生呛咳窒息。

　　添加方法：坚持初次少量的原则，如无异常反应，可逐渐加量。

⏲ 过敏真的会遗传吗，吃什么可以预防过敏

过敏体质存在一定的遗传风险。科学研究发现，如果父母都是过敏体质，那宝宝是过敏体质的概率将达60%～70%，甚至更高。如果父母中有一方是过敏体质，那宝宝就有40%～50%的概率是过敏体质。如果父母双方都不是过敏体质，那宝宝只有5%～10%的概率是过敏体质。医学界普遍认为，导致宝宝过敏的原因主要是遗传和环境两大因素。遗传这一点往往无法改变，但是宝宝的成长环境是可以选择的。父母应为宝宝创造良好的成长环境，使宝宝减少过敏风险。

预防宝宝成为过敏体质的4个细节

细节1 能顺产，尽量顺产

研究发现，剖宫产的宝宝出现过敏的风险高于顺产的宝宝。因此，在没有医学指征需要剖宫产的情况下，尽量顺产。

细节2 坚持母乳喂养

国内外专家一致认为，纯母乳喂养能够有效地防止宝宝食物过敏。因为宝宝在出生之初，肠道并不成熟，母乳喂养可以减少宝宝接触异体蛋白的机会。同时，母乳喂养还可以通过促进双歧杆菌、乳酸杆菌等益生菌的生长，起到抗感染和抗过敏的作用。母乳中含有的特异性抗体，可诱导肠黏膜耐受，从而减少过敏反应的发生。所以在宝宝出生后的前6个月，最好纯母乳喂养，之后再添加辅食。

细节3 避免不必要的抗生素使用

妈妈孕期及宝宝婴幼儿期，大量使用抗生素可能会增加宝宝过敏的风险。因此，非必要情况下应尽量避免使用抗生素。

细节4 适时添加各类辅食

适时添加辅食有利于诱导免疫耐受。过早或过迟添加辅食，都可能会增加宝宝今后过敏的风险。

调味品要慢慢加

⏱ 辅食不加盐 ≠ 不摄入盐

盐（本书指食盐）的主要成分是氯化钠，而钠是人体不可缺少的重要元素，具有维持酸碱平衡、维持应激性、调控血压的作用。长期不吃盐，体内缺钠，人会有四肢无力、食欲缺乏的表现。既然盐对人体的作用这么大，那为什么不给1岁以内宝宝的辅食里加盐呢？其实，除了盐外，肉、蛋、奶、蔬菜、水果中也含钠，只不过不是以氯化钠的形式存在，所以没有咸味。宝宝每天吃的奶和辅食中已经含有足够的钠，可以满足其生长发育的需求，若额外加盐，反而容易导致钠的摄入超标。

· 盐摄入过多的害处

人体内约有95%的钠是经由肾脏排出的，只有约5%随着汗液及粪便排出。宝宝的肾脏功能发育还不成熟，肾脏的浓缩和稀释功能都比较弱，对钠的代谢能力有限。摄入过量的钠会增加肾脏的负担，还可能引起体液潴留，导致宝宝出现水肿。另外，钠摄入过量会引起肾脏潜移默化的改变，提高成人期高血压、心脏病等慢性疾病发生的概率。

· 盐到底什么时候加

从纯母乳喂养过渡到添加辅食的宝宝更适应清淡的口味，因此，1岁以内宝宝辅食要尽量保持食材的原汁原味，不要加盐。1~2岁的宝宝，在逐步尝试家庭食物的过程中，可以摄入清淡低盐的食物，且每天的盐摄入量应控制在1.5克以内。

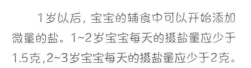

1岁以后，宝宝的辅食中可以开始添加微量的盐。1~2岁宝宝每天的摄盐量应少于1.5克，2~3岁宝宝每天的摄盐量应少于2克。

小心不知不觉吃进去的盐

科学研究证实，高盐（即高钠）摄入会给人们埋下患骨质疏松、高血压和脑卒中的隐患，甚至还会增加罹患胃癌的风险。因此，限制盐的摄入必须从婴幼儿期开始。

警惕食物里的隐形盐

从为宝宝添加辅食起，不少家长做到了不放盐、少放盐，但却忽略了食物中隐形盐的摄入。以下这些食物含有隐形盐，家长要格外引起注意。

注意1 面条、饼干和面包

一些市售食物会额外加盐，如面条、饼干、面包等，宝宝从这些食物中会额外获得一定量的盐，家长烹调辅食就要相应减少盐的添加量。

注意2 汤类

一些汤里含有较多的盐。

注意3 薯片及加工肉类

薯片、加工的肉类往往含有较多的盐。

注意4 芝士

芝士虽然属于较为健康的食品，但也是高盐食品，需要控制摄入量。

相比牛奶，芝士中含有更多的钙、蛋白质和脂肪，B族维生素和益生菌含量也丰富。但芝士中钠含量较高，建议宝宝1岁后再食用。

糖一点也不碰？1岁以内尽量不碰

家长在给宝宝制作辅食时尽量不要额外添加糖，包括蔗糖、果糖、葡萄糖及果葡糖浆，还包括蜂蜜、果汁。同时，尽量不要选择饼干、蛋糕等含糖量高的食物作为辅食。糖可以提供热量，但缺乏其他营养素。过多摄入糖对宝宝的健康不利：引起维生素B_1的缺乏；影响宝宝对其他口味食物的适应；多余的糖还会转化成脂肪，从而增加宝宝出现肥胖、龋齿等问题的风险。

· 谷类食物所含糖类与蔗糖有什么不同

谷类食物所含的糖类为淀粉，可以在人体内经消化转变成葡萄糖，是机体能量的重要来源。而蔗糖属于添加糖，世界卫生组织称添加糖为游离糖，需要控制摄入量，包括果糖、麦芽糖、葡萄糖、果葡糖浆、蜂蜜、果汁。生活中常见的山梨糖醇、麦芽糖醇、木糖醇、赤藓糖醇等糖醇类物质，虽然名字中有"糖"字，且具有某些糖的属性，但并不是糖，因此被归入食品添加剂。

· 宝宝摄取多少糖合适

正常情况下，包括母乳、配方奶在内的食物中的乳糖和淀粉等碳水化合物已能满足宝宝生长发育和日常活动的需要。但是，现代的饮食环境使得许多宝宝都有额外的糖摄入，因此制作辅食时控糖非常有必要。

7~12月的宝宝：半岁以上的宝宝体内能分泌较多的淀粉酶，具备消化淀粉的能力，因而能够尝试谷类辅食。尽量不让或少让宝宝吃额外添加蔗糖的成品辅食，给宝宝挑选成品辅食前，家长一定要看清配料表。

1~2岁的宝宝：这一年龄段的宝宝胃肠消化功能进一步加强，能吃的食物种类已接近成人。只要让宝宝均衡摄入谷物、蔬菜、水果、畜禽肉、鱼虾、蛋类、豆类及其制品、奶制品等，就能保证宝宝摄入充足的碳水化合物，即糖类。

🍼 葡萄糖水不能随便给宝宝喝

不少家长会给宝宝喝葡萄糖水，或是为宝宝去除黄疸，或是为宝宝喝的白开水调味，或是作为营养素。事实上，人体一般只有低血糖时才需要口服葡萄糖，或出于医学治疗的需要。葡萄糖是单糖，宝宝肠道内没有限速酶，口服葡萄糖水后会使血糖升高，造成胰腺和肾脏应激，对身体不利。因此，葡萄糖水是不能随便给宝宝喝的。以下是葡萄糖水的误用谣言及纠错说明。

·谣言1: 给宝宝喝葡萄糖水，可以促进黄疸吸收，让宝宝的黄疸尽早消退

纠错: 新生儿黄疸分为病理性黄疸和生理性黄疸。病理性黄疸需要医学治疗。生理性黄疸一般只需要通过增加喂养量，使宝宝的排便量增加，促进肠道内的胆红素排出，降低体内胆红素水平，就可达到去除黄疸的效果。葡萄糖在肠道内不需要消化而被直接吸收，只能增加血液中葡萄糖的含量，一般不会增加宝宝的排便量，对黄疸的消退没有直接作用。

·谣言2: 妈妈母乳没下来或母乳不足的时候，可以给宝宝喂些葡萄糖水

纠错: 宝宝出生后，如果体重下降超过出生体重的7%，或者有需要营养支持的医学指征，就要额外增加营养。但是给宝宝喂葡萄糖水并不是良策，如果母乳不足，可以选择婴儿配方奶粉。

· 谣言3: 宝宝吃蔗糖会得龋齿，换作葡萄糖就可以了

纠错: 吃葡萄糖比吃蔗糖、乳糖的危害更大。人体能直接吸收的糖是单糖，而葡萄糖就是单糖，蔗糖、乳糖则是自然界中最常见的双糖，不能直接被吸收。宝宝摄入葡萄糖后，血糖急剧升高，这会加速体内胰岛素的分泌，增加胰腺的分泌负担，这对宝宝健康是不利的。

· 谣言4: 宝宝乳糖不耐受，可以添加葡萄糖

纠错: 乳糖在人体内经乳糖酶分解成葡萄糖和半乳糖后被吸收利用。细胞将葡萄糖转化为二氧化碳及水并释放热能。如果宝宝体内缺乏足够的乳糖酶，当摄入大量乳糖的时候，就会导致乳糖不耐受，出现大便次数增多、变稀，胀气，体重不增等问题。如果宝宝经医生诊断为乳糖不耐受，家长需要选择无乳糖的奶粉，就是把配方奶粉中的乳糖换成麦芽糊精、玉米糖浆等，而不是添加葡萄糖。因此，哪怕宝宝乳糖不耐受，也不推荐给宝宝喝葡萄糖水。

婴儿配方奶粉中含有蛋白质、乳糖、DHA.维生素和多种矿物质等，营养成分接近母乳，可以作为母乳不足的替代或补充。

辅食添加工具与技巧

⏰ 制作辅食的必备工具

辅食对成长中的宝宝非常重要,除了选择市售成品辅食,越来越多的家长开始选择自制宝宝辅食。"工欲善其事,必先利其器",这条法则同样适用于制作宝宝辅食。那么在琳琅满目的辅食制作工具中,哪些必不可少,哪些方便实用呢?

· 厨房已有工具

其实,自家厨房里早已有了大部分制作辅食所必需的工具,新手爸妈不必手忙脚乱地重新购置。只要注意卫生,使用已有的厨具也可以大显身手。

菜板。菜板是常用的厨具,但如果共用一个菜板,会有交叉污染的风险。因此,最好给宝宝用专用菜板制作辅食,做到生熟分开,避免交叉污染。

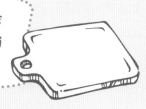

刀具。给宝宝做辅食用的刀最好与成人做饭用的刀分开,以保证清洁。每次做辅食前后都要将刀洗净、擦干,避免因刀具生锈、发霉而污染辅食。有些质地较软的食物,可以用刨丝器替代搅拌机,将其刨细直接给宝宝吃。

蒸锅。蒸熟或蒸软食物用,蒸出来的食物口味鲜嫩、熟烂、容易消化、含油脂少,能在很大程度上保存营养素,所以"蒸"是制作辅食常用的烹饪手法。使用常用的蒸锅就可以,也可以使用小号蒸锅,节时节能。

· 专用工具

　　以下工具可能是自家厨房里没有的，需要新手爸妈自行购买。购买时，应根据家庭实际情况考虑经济方便的类型，且材质要稳定，容易清洁。

　　辅食机。辅食机集蒸煮、搅拌功能于一体，操作方便，是制作各种泥状辅食的"利器"。制作各种菜泥、肉泥，只需将食材清洗后简单切块处理，再放进辅食机里先蒸煮再搅拌，就可省去很多时间。而且用辅食机制作出来的泥状辅食都很细腻，非常适合刚添加辅食的宝宝。

　　料理机。为适应宝宝吞咽咀嚼能力的发展，辅食的性状也需要从细腻的泥状过渡到带颗粒的半固体状。此时，一款具备搅拌和磨碎功能的料理机就更加实用了。相比于专门的辅食机，料理机的功能更多，而且在宝宝度过辅食期后，还可用于制作日常料理。

　　研磨器。一般是由研磨碗、研磨棒、榨汁器、过滤网、研磨盘、储物盖等部分组成，集捣碎、研磨、过滤、磨泥、榨汁等功能于一体，价格相对辅食机和料理机要便宜，使用和清洗也较方便。

　　滤蛋器。想要把蛋黄分离出来，这时有个可轻松分离蛋黄和蛋清的滤蛋器就很方便了。

　　辅食剪。能将蔬菜、水果、面条等剪成方便宝宝抓握食用的大小，比刀切更快捷。

⏱ 选购一套宝宝专属的用餐器具

为宝宝选购一套他们喜爱的专属用餐器具，要求是安全无毒、无异味、耐摔、耐高温。既能保证宝宝的就餐安全，还能引起宝宝的进食兴趣。还要给宝宝准备纯棉的布围嘴或者防水材质的围嘴、围兜。要注意，宝宝的餐具，每次使用后都需要彻底洗净再充分晾干。

·碗

选择宝宝容易抓取，并且有碗耳的餐盘。也可以选设计新颖和方便的吸盘碗，防止宝宝拿不稳或者好奇乱动时将碗掀翻。

·勺子

从容量上来看，即使是标准的婴儿勺子，对刚吃辅食的宝宝来说也很宽大。刚开始使用的时候，可每次喂宝宝半勺或更少的量。从材质上来看，硅胶婴儿勺是不错的选择，可以避免伤到宝宝口腔。

·餐椅

7个月大的宝宝已经能够使用餐椅吃饭了。为了确保宝宝舒适且安全，把宝宝放在餐椅上时一定要绑好安全带。另外，可以在餐椅上垫一个可移动并可清洗的垫子，这样就可以经常清理，防止积攒大量的食物残渣。选择餐椅的时候，一定要选带有可拆卸托盘的，而且托盘的四周要有较高的边缘。当宝宝吃饭时，托盘上较高的边缘能够防止餐具和食物掉落；可拆卸的托盘也可以直接拿到水槽中清洗，比较方便。

⏱ 储存辅食的工具有哪些

做好一顿辅食通常耗时不少，如果只做宝宝吃的那么"一小口"，投入的时间成本未免太大。如果能找到合适的辅食储存工具，就可以在时间宽裕时多制作一些，再把多出的部分储存、冷冻起来，这样就能在急需的时候快速加热，更快喂给宝宝。那么，储存辅食的工具有哪些？

· 冰格

特别适合用来储存小份的、水分较多的辅食。把刚做好、磨成泥的辅食倒进一个个冰格里，盖好盖子或包好保鲜膜放入冰箱冷冻，像冻冰块一样将食物冻成小块。大部分冰格的每一格大约能装两汤匙的食物。刚开始添加辅食的宝宝，一顿可能只吃一汤匙食物，这时只需冻半格食物。随着宝宝食量增加，可以渐渐地冻满格食物。再往后，宝宝一次能吃掉2~3格的量。

· 托盘

如果宝宝的食量已经超出了一个冰格的容量，或者家长想做分量大一点的食物块，可以准备一个干净的托盘（最好是金属材质），根据宝宝的食量将辅食团成一个个小球，分开摆放在托盘上，覆好保鲜膜就可以放进冰箱冷冻室冷冻了。等食物冻成"球"后，要及时收入保鲜袋密封保存。

· 保鲜袋

将冷却后的辅食装进保鲜袋中铺平整，参照宝宝一顿的食量用筷子压出分隔线，待冷冻后轻轻用手一掰，就能很方便地将袋内冰冻食物分开，需要时取一块出来即可。

· 带盖子的小型密封容器

随着辅食顺利添加，宝宝的食量逐渐大起来，能添加的食物种类也变多了。这时可以用小型密封容器分类保存辅食。

🍊 辅食的冷藏与冷冻

有的辅食制作比较费时间，如肉泥，家长可能会一次多做一些，放入冰箱冷藏或冷冻起来，让宝宝分次食用。冷藏适合短时间保存食物，冷冻适合长时间保存食物，-18℃的环境下食物可以保存6个月之久。有的家长会囤一些现成的市售辅食泥。其实，不必囤很多辅食泥，若要储存也应尽量选择日期新鲜的，放在阴凉干燥的地方储存即可。

· 冷藏与冷冻的区别

1.冷藏：冷藏室温度一般控制在0~5℃，可以短时间阻止食物腐烂。但这种方法不会杀死微生物，仅仅是抑制其繁殖。冷藏温度越低，微生物生长越慢，使食物的味道、颜色及营养成分发生变化的生物化学反应就越慢，保存时间就越长。但有的致病菌喜欢低温环境，如李斯特菌是污染奶类、肉类的常见致病菌，在4℃的环境中仍可生长繁殖，是冷藏食品威胁人类健康的主要病原菌之一。沙门氏菌容易污染鸡蛋表面，可在冰箱的冷藏环境中生存3~4个月。因此，保险起见，宝宝吃的辅食还是建议现吃现做，不宜长时间冷藏或冷冻。

2.冷冻：冰箱冷冻保存温度一般控制在-15~-23℃。食物在冻结状态下，所含营养物质基本不流失。但冷冻会对食物的物理性状和组织性状产生一定的影响，再次解冻后，食物的感官和口感会变差。要注意解冻之后的食物不能再次冷冻。

辅食储存要遵守的重要原则

原则1 确保食物安全卫生

无论使用哪种储存方法，都要确保使用干净的用具，因为冷冻只能阻碍细菌生长，并不能消灭细菌。

原则2 经常检查冰箱的温度

冷藏室的温度不应该高于4℃，冷冻室的温度应该低于−18℃。理论上讲，−18℃的环境可以阻止细菌生长，但要避免把储存的食物放在冰箱门附近，因为那里的温度不稳定。如果遇到停电，在保持冰箱门关闭的情况下，冷藏室里的食物可以保存4小时左右，冷冻室里的食物可以保存48小时左右。

原则3 标注好食物名称和制作日期

将辅食冷冻前要在包装袋或容器上标注好食物的名称和制作日期，这样可以帮助家长迅速找到想要的辅食，而不用在冰箱里翻找很久。

玉米、胡萝卜、豌豆等是做辅食的常用食材，冷冻保存，适量取用很方便。

适合储存的辅食可以多做一点冷冻起来

终于，宝宝可以开始吃辅食了！家长摩拳擦掌准备大显身手。等到动手之后才知道，宝宝辅食看似简单——只要把食材磨碎就可以了，其实制作过程相当烦琐。要准备单独的菜板、刀具、刨丝器、研磨器、榨汁机、筛子、蒸锅等，要把食材处理得很细碎，要保持干净卫生……整个过程真让人手忙脚乱。好在现在有各种方便、贴心的装备，从准备、制作到喂食、储存，一系列过程都可用贴心设计的产品来帮忙。前面提到了储存辅食的四种工具，下面来看看如何用它们冷冻储存辅食吧。

辅食冷冻储存的注意事项

注意1 冰格冷冻法

可将已冷冻成块的辅食收入冷冻保鲜袋中继续冷冻储存，不但可以节省冷冻室的空间，还可以防止食物变干，避免营养流失。如果冷冻室有足够的空间，建议不要把冰格叠在一起放，否则会延长食物冷冻成块的时间。

注意2 托盘冷冻法

放在托盘上的食物要尽快冷冻，可以提前把冷冻室的温度调低到-23℃，这样食物就能很快冻住。

注意3 保鲜袋冷冻法

一定要选用冷冻专用保鲜袋，而且建议选择小号规格。密封时要耐心地将空气排出，这样就能避免食物变干、出现冻斑（像是灰白色的点），否则会影响食物的味道和口感。

注意4 小型容器冷冻法

食物冷冻后体积会膨胀，因此冷冻前一定不能将容器装得过满。务必选用安全性高的材质，并注意容器上是否标注"可冷冻""微波炉适用"的字样。

🍴 辅食保鲜的小窍门

辅食放到冰箱的冷藏室里储存，放不了多久就会变质；放到冷冻室里储存，又不免担心营养会流失。怎样储存才能既不影响辅食品质，又能保证食物安全呢？

· 谷类辅食

市售米粉打开后1个月内必须吃完。米粉不要存放在冰箱内，应放在阴凉干燥处。桶装或盒装米粉的包装塑料膜不要全部撕开，具体方法参见包装盒上的说明。袋装米粉打开后，要放在食品密封盒中保存，或者使用封口夹封住开口，放在阴凉干燥处保存。自制面条、水饺、馄饨，冷冻可以保存2~3个月。保存这些面食时，建议将其平摊在盘子或其他容器中，放入冷冻室，将温度调至最低或使用速冻模式，让面食迅速冷冻，然后按宝宝每次食量分别装入密封食品袋中冷冻保存。

· 蔬果类辅食

蔬果泥最好现做现吃，一次吃不完，剩余的应丢弃，以免被致病菌污染、营养素流失，或者产生亚硝酸盐。多余的原材料或半成品，可冷藏保存48小时左右。土豆泥、胡萝卜泥等分装后直接冷冻起来，可保存2~3个月甚至更久。

将胡萝卜煮熟后分装冷冻保存，吃的时候充分加热，或搭配其他食材一起做辅食，方便又营养。

· 肉类辅食

自制肉泥确实比较费功夫，为了减少麻烦，可以一次多做点。把现吃的分出来，多余的可分成小份装入密封食品袋或保鲜盒中，放入冷冻室保存，一般冷冻可以保存2~3个月。

市售辅食，看懂配料表很重要

挑选成品辅食重点看哪些包装信息

成品辅食方便食用、便于储存，在带来诸多便捷的同时，也给家长带来了困惑。面对琳琅满目的成品辅食，如何挑到天然新鲜、营养丰富、适合宝宝的呢？

· 了解基础信息：避免"三无"产品

所谓"三无"，是指无生产厂家名称、无生产地址和无生产日期。这些信息的完整性一方面是确保食品的真实性，是正规厂家生产；另一方面则是为了一旦出现质量问题，可以第一时间追溯生产厂家。避免"三无"产品是选购安全辅食的第一步。

· 看配料表：了解辅食的组成

配料表是市售食品的包装上必须标注的要素之一。此外，配料表中原材料的排序必须按照其在该辅食中所占的比例，从多到少、从左往右。而辅食中是否有强化营养素，是否添加盐、糖、香精、色素等都会在配料表中标注。家长在选购时，应尽量避免选择添加糖、香精、色素、防腐剂等成分的成品辅食。

· 看营养成分表：了解辅食的营养成分与宝宝是否匹配

营养成分也是市售食品的包装上必须标注的信息之一。必须标注的营养成分内容包括能量、蛋白质、脂肪、碳水化合物和钠，而在婴幼儿配方食品的包装上还常常会标注更多的营养素，尤其是强化的特殊营养素，比如钙、铁、锌、DHA，以及维生素A、维生素D、维生素C和B族维生素等。

· 注意特殊标志：是否符合国家规范

包装上必须有"QS"标志，有该标志意味着产品生产企业通过了"国家市场监督管理总局"的检验批准，并获得生产许可证。没有"QS"标志的，不得出厂销售。而婴幼儿配方食品还必须符合相应的国家指定标准，比如婴儿配方食品需要在包装上标注所执行的食品安全国家标准"GB 10765-2021"。

宝宝辅食中不能有哪些添加剂

如今，食品添加剂是被普遍使用的。食品添加剂可以改善食品品质和色、香、味的表现，同时还可以防腐、保鲜。不过，食品添加剂是一把双刃剑，婴幼儿是很特殊的群体，他们生长发育较快，对食物当中的一些成分或添加剂比较敏感，因此应尽量给宝宝提供更天然、更安全、更健康的食品，尽可能减少添加剂的使用。

2024年2月8日，《食品安全国家标准 食品添加剂使用标准》（GB2760—2024）发布。

根据该标准的规定，磷酸化二淀粉磷酸酯、抗坏血酸棕榈酸酯可以用于婴幼儿辅助食品和配方食品，辛烯基琥珀酸淀粉钠、槐豆胶、卡拉胶、柠檬酸脂肪酸甘油酯、氢氧化钙、氢氧化钾、异构化乳糖可以用于婴幼儿配方食品，香兰素可以用于婴幼儿谷类辅助食品、较大婴儿和幼儿配方食品。除此之外，当前食品加工过程中使用的食品添加剂绝大多数不能用于宝宝辅食。因此，家长在给宝宝购买辅食的时候，一定要看清楚食品配料表的内容，以下常见食品添加剂不应出现在宝宝辅食的配料表中。

·甜味剂

天然甜味剂：木糖醇、麦芽糖、山梨糖醇等，从天然植物中提取出来，能让食物更可口。

人工合成甜味剂：阿斯巴甜、安赛蜜、糖精钠、三氯蔗糖、甜蜜素等，由天然甜味剂和化学试剂合成而来。

·色素

天然色素：红曲米、焦糖色、紫胶红、β-胡萝卜素、番茄红素、甜菜红、姜黄素、红花黄、辣椒红、高粱红、黑豆红、越橘红、萝卜红等。

人工色素：日落黄及其铝色淀、柠檬黄及其铝色淀、苋菜红及其铝色淀等，这类化学物质过量食用可能具有一定的毒性和致癌性，且生产合成过程中可能存在原料不纯或受到有害金属污染的问题。

·防腐剂

苯甲酸及其钠盐，山梨酸及其钾盐，二氧化硫及亚硫酸盐，丙酸及其钠盐、钙盐，亚硝酸盐等：要避免给宝宝选用含有防腐剂的食品。如市售的肉类或火腿，可能添加了亚硝酸盐作为护色剂和防腐剂以呈现诱人的色泽、不易腐坏，而亚硝酸盐具有一定的致癌性，对于婴幼儿的影响可能会更明显。

辅食添加热点问题

加了辅食，宝宝就不吃奶了怎么办

有的宝宝添加辅食以后，比较喜欢吃辅食，什么食材都非常容易接受，但对奶失去了兴趣，以至于吃奶量越来越少。在营养门诊，时常有家长带着宝宝来就诊，原因就是宝宝不愿意吃奶，每天吃奶量较少，家长不知如何是好，非常焦虑。如果添加辅食之后，宝宝不吃奶了，可以到医院让医生评估一下宝宝的发育情况。如果宝宝发育良好，辅食吃得也不错，比较均衡，就不必担心。

· 为何宝宝添加辅食后不爱吃奶

每个宝宝都有自己的偏好。有的宝宝更喜欢辅食的味道，对单调的奶类兴趣大大降低。有的宝宝则一直钟爱奶类，不愿意吃辅食。当然，有的家长给宝宝的辅食里添加盐、糖等，这有可能导致宝宝更偏爱这类有味道的食物。如果是这样，家长还是要注意尽量给宝宝吃原味的食物。

 ### 如果宝宝更愿意吃辅食，要注意以下几点

注意1 添加营养丰富的食物

注意添加肉泥、蛋黄、鱼虾、谷类等营养丰富的食物。

注意2 补充复合多维营养素

预防微量营养素摄入不足。如果吃奶量过少，还是要适量增加吃奶量，1岁以内每天最好不低于500毫升。

注意3 食用油的添加

注意食用油的添加，以便增加宝宝的能量摄入。

注意4 定期体检

定期监测宝宝生长发育情况，及时调整宝宝的饮食安排。

宝宝不爱吃辅食，可以放任不管吗

辅食在宝宝成长的过程中有着重要的作用。宝宝6～7个月时，光吃母乳或配方奶已经不能获得足够的营养物质，这时就需要添加辅食，使宝宝获得均衡的营养。因此，面对宝宝不爱吃辅食的情况，家长不应该放任不管，而是要分析原因，适当引导。

7～12个月是宝宝发展吞咽与咀嚼能力的关键期。对宝宝来说，吞咽和咀嚼能力是需要训练的。如果缺少练习，宝宝今后可能会出现喂养困难、进食障碍等问题。所以在宝宝满6月龄以后，应逐渐为宝宝添加不同种类、不同口味、不同性状的辅食，让宝宝锻炼咀嚼和吞咽能力，适应多种口味，避免日后挑食、偏食。同时，宝宝6个月后，唾液淀粉酶分泌旺盛，具备消化淀粉类食物的能力，可适时添加辅食。

· 宝宝不爱吃辅食的常见原因和应对方法

1.宝宝处于长牙期，牙龈不舒服导致食欲降低。

无须过度担心。可以尝试让宝宝吃固体的手指食物，如磨牙饼干、小块煮软的西蓝花，有利于缓解宝宝因出牙引起的不适。

2.宝宝想要自主进食，不希望家长喂。

可以准备两把勺子，一把给家长用，另一把给宝宝用。如果宝宝会自己用勺子挖食物吃，甚至动手去抓食物，不要阻止宝宝，而要鼓励宝宝自己进食，并适当地教宝宝一些自主吃饭的技巧。

3.宝宝不饿，家长喂得太多。

在喂辅食的过程中逐渐把握宝宝的食量，不要和别的宝宝比。强迫宝宝超量进食会给宝宝的肠胃带来沉重负担，还容易引起宝宝抗拒进食。

4.宝宝不爱吃某种食物。

面对宝宝不喜欢的某种食物，家长应少量多次提供，并鼓励宝宝尝试。多观察宝宝喜欢吃什么辅食，适当做出调整。

5.宝宝害怕餐具及强喂。

宝宝可能有过被小勺强行喂药的经历，因此一见勺子就哭，不张嘴吃饭。家长要细心观察宝宝的饮食习惯，让宝宝适应并喜欢餐具。

6.宝宝还没有做好吃辅食的准备。

如果宝宝不愿意尝试辅食，可能是当下还没有准备好吃辅食，不妨等几天再尝试。

 ## 宝宝拉绿便，是消化不良，还是因为吃了什么食物

添加辅食后，家长可能会发现宝宝大便的性状和颜色发生了改变，有时是黄色软便，有时大便偏干、偏深，甚至还会出现绿便！很多家长认为这是宝宝消化不良引起的，但真的是这样吗？

·宝宝大便什么颜色算正常？绿便会有什么问题吗

其实，宝宝大便颜色确实会有所差异。母乳喂养的宝宝，典型的大便颜色通常为金黄色，有时会呈颗粒状；配方奶喂养的宝宝，大便更加黏稠、成形，颜色差异很大，有黄色、褐色甚至绿色。添加辅食以后，宝宝的大便性状和颜色会有所改变。如吃了红色火龙果，大小便颜色可能会发红；摄入绿色蔬菜，大便可能会发绿；给宝宝补铁以后，大便也可能变为绿色。因此，通常情况下，大便呈现绿色并没有什么大碍，也不一定代表宝宝消化有问题。

·大便绿色需要调理或就医吗

宝宝大便呈绿色，只要大便性状正常，宝宝没出现肠道不适的表现，一般不需要处理，也没有必要服用益生菌；如果是因为是吃了绿叶蔬菜，可继续尝试该类蔬菜，无须停食。

宝宝不肯吃辅食，需要给宝宝补充营养品吗

不少家长给宝宝做辅食非常用心，可宝宝不买账，不是不吃肉，就是不吃鸡蛋，或者不吃蔬菜。这可愁坏了爸爸妈妈，想着要不要给宝宝补点什么。

· 营养补充剂不能代替辅食

摄入营养的最佳途径应该是天然食物，宝宝需要摄入的营养主要从食物中获得，而非营养补充剂。不同阶段的婴幼儿有自己的饮食结构。家长需要根据宝宝的年龄段来选择适宜的饮食种类和可接受的喂养量，均衡营养和正常进食才是宝宝健康成长的基础。所以，只要宝宝的饮食相对均衡，就不需要另外补充营养（常规预防性补充维生素D除外）。

对于婴幼儿，确实有所谓的营养包或多维营养素。但这些主要适用于存在铁、锌等缺乏风险的婴幼儿。如果宝宝确实因为辅食摄入不均衡，存在缺乏某种或某几种营养素的风险，家长可以在专业人士指导下为宝宝合理补充。

· 从食物中获得的营养通常比使用营养补充剂的益处更多

营养品和营养补充剂不能代替健康均衡的饮食。相对于通过营养品和营养补充剂来获得维生素和矿物质，从食物中获得的营养对宝宝身体的益处更多。

食物中的营养物质通常能更好地被宝宝吸收，潜在的副作用也较少。健康膳食可提供一系列适合比例的营养物质，这与高度浓缩形式分离出来的化合物补充剂是不一样的。多项研究表明，通过食物获得充足的DHA比单纯补充DHA制剂效果更显著，从食物中获得充足的钙要比服用钙片效果好。

煮水果水或蔬菜水，是不是比白开水更好

有不少家长认为，宝宝喝奶粉会"上火"，而蔬菜和水果有"去火"的功效，有助于宝宝身体健康。于是很多家长费心费力地给宝宝煮水果或者煮菜，将煮出来的水果水或蔬菜水喂给宝宝喝，觉得这样比喝白开水更有营养。事实上这样做并不合适。

· 煮水果水或蔬菜水营养有限

无论是煮水果水，还是蔬菜水，能溶到水里的营养非常有限。对于宝宝来说，喝这些水除了补水之外，获得营养的意义并不大。如果把水果榨汁后再给宝宝喝，宝宝喝多了反而会增加罹患龋齿和肥胖的风险。

· 白开水是宝宝最好的饮料

从添加辅食之后，家长可以让宝宝逐步养成喝白开水的习惯，少量多次，尽量不给宝宝喝果汁或加糖饮品。

用新鲜的柠檬片、橙子片泡的水，可以给宝宝少量尝试，要注意兑水稀释到宝宝能接受的酸度。制作辅食时，柠檬水还可以作为天然调味品使用。

宝宝一直玩食物、咬勺子，要制止吗

不少家长喂宝宝吃辅食的时候会遇到一个问题，那就是宝宝喜欢咬勺子、玩食物。看着宝宝把勺子放在嘴里不停地咬，家长不禁担心勺子被咬坏会误伤到宝宝；看着宝宝把食物拿在手里玩但就是不吃，家长又忍不住担心食物浪费，还要清理打扫。

·宝宝玩食物不需要制止

宝宝天性好奇，喜欢在玩中探索和学习东西。宝宝天生就爱用嘴和手来探索世界，吃辅食对他们来说是全新的经历。探索食物的过程也是培养饮食兴趣的过程。家长全权包办喂宝宝，完全不给宝宝自己动手的机会，也许确实能解决宝宝将食物弄得一团糟的问题。可是这样既剥夺了宝宝探索和认知能力发育的机会，也削弱了宝宝吃饭和研究并爱上食物的积极性。所以家长不必对此感到焦虑。不妨改变观念，鼓励宝宝更自主地探索食物，而不是老想着要清理干净。如果家长担心家具、地面会一团糟，不妨给宝宝穿上可擦洗的罩衣，还可在地面铺上一层报纸或是使用可清洗的垫子。

·宝宝咬勺子的两个原因

1.**磨牙练习**：宝宝在某一阶段，因牙齿萌生或咀嚼而引发牙龈发痒，所以会想咬东西（勺子）止痒。可以给宝宝准备磨牙棒用于牙龈止痒。

2.**好奇心重**：宝宝在学吃饭之前没有接触过勺子，见到勺子后，好奇心会驱使宝宝研究勺子，好不好玩，能怎么玩，自然而然就放在嘴里咬了。选择硅胶或硬质塑料勺，这种勺子不易被咬坏，也不易误伤宝宝口腔。家长不要生拉硬拽勺子，以免误伤宝宝，要教宝宝正确使用勺子，教会他怎么抓、怎么盛食物。

颗粒大的食物吃了就干呕，如何帮宝宝适应

宝宝天生具有吞咽反射，当宝宝感觉没有办法吞咽嘴巴里的食物时，会诱发吞咽反射，进而出现干呕的现象，有时还会把食物吐出来。这其实是一种自我保护机制，也是宝宝学习吃饭的必经之路，家长只要在喂养时多加注意，多给宝宝自己动手进食的机会，就可以避免宝宝因为进食颗粒状的食物而干呕。

帮助宝宝适应咀嚼、吞咽的方法

方法1 给宝宝添加一些特制的辅食

为了让宝宝更好地锻炼咀嚼和吞咽技巧，可以给宝宝一些特制的小馒头、磨牙棒、磨牙饼、烤馒头片、烤面包片等，供宝宝练习啃咬、咀嚼和吞咽。

方法2 不要因噎废食

有些家长担心宝宝吃辅食被噎住，于是推迟甚至放弃给宝宝喂固体食物。有些家长到宝宝两三岁时仍然将所有的食物都用辅食机搅拌后才喂给宝宝，生怕宝宝噎住。这样做的结果就是宝宝不会"吃"，食物大一点、粗糙一点就会噎住，随即出现干呕甚至呕吐。

方法3 抓住宝宝咀嚼、吞咽的敏感期

宝宝的咀嚼、吞咽能力需要不断训练，如果在添加辅食期间没有得到很好的训练，就很容易导致后期出现喂养困难等问题。所以，宝宝7~8月以后，家长可以多让宝宝尝试手指食物，不要剥夺宝宝自己动手吃辅食的机会。

6～7个月
（180～210天）
宝宝最初的辅食

开始添加辅食的第一个月，爸爸妈妈要格外注意，细心观察宝宝的反应，做好添加辅食第一步。不仅要让宝宝吃饱，还要尽可能让宝宝接触更多的食物种类。

宝宝6~7个月重点补充营养素

·铁

很多家长都担心母乳喂养会导致宝宝缺铁性贫血，其实满6月龄（180天）后，只要给宝宝及时添加富含铁的辅食，一般可以满足宝宝对铁的需求，能够降低宝宝发生缺铁性贫血的风险。这也是宝宝的首选辅食是富含铁的肉泥、蛋黄、肝泥和强化铁婴儿米粉等的原因。肉类中的血红素铁吸收率高，因此肉类是宝宝补铁的良好食材。

肉类　　　　　　　　肝类　　　　　　　强化铁婴儿米糊

·维生素D

为预防维生素D缺乏性佝偻病，纯母乳喂养的宝宝出生后数天即可开始口服维生素D，每天400~500国际单位。早产儿、双（多）胞胎宝宝出生后加服维生素D，每天800~1 000国际单位，3个月后改为400~500国际单位。含维生素D的食物主要有海鱼、动物肝脏、鸡蛋黄、蘑菇、黄油、牛肉等。

鱼油　　　　　　　　海鱼　　　　　　　　蛋黄

食材和性状

· 推荐的辅食食材

主食	强化铁婴儿米糊等
畜禽肉蛋鱼	猪肉、鸡肉、肝类、蛋黄、鱼肉等
薯类	山药、土豆等
蔬菜	南瓜、西蓝花、胡萝卜、青菜等
水果	苹果、梨、香蕉、樱桃等
植物油	核桃油、亚麻籽油等

· 推荐的辅食性状

主食（以婴儿米糊为例）

充分搅拌后的糊状

蔬菜（以胡萝卜为例）

不带颗粒的糊状

畜禽肉蛋鱼（以猪肉为例）

打成细腻的糊状

辅食推荐一日总安排

年龄阶段		6~7个月（180~210天）	
食物质地		泥糊状	
辅食餐次		每天1次或2次	
进食辅食方式		小勺喂	
每日辅食种类和数量	奶类	4~6次	600~1000毫升
	谷薯类	强化铁婴儿米粉，1~2勺	10~20克
	畜禽肉鱼类	肉泥或鱼泥，1~2勺	10~20克
	蛋类	蛋黄	从1/8、1/4、1/2逐步添加到1个
	蔬菜类	菜泥1~2勺	10~20克
	水果类	水果泥1~2勺	10~20克
	油	富含α-亚麻酸的植物油，如核桃油、亚麻籽油等	0~10克
	水	白开水	少量多次尝试，用勺子、奶瓶或杯子喂
	其他	选择原味食物	不加盐、糖等调味品

注：1勺≈10毫升。

参考资料：中华预防医学会儿童保健分会《婴幼儿喂养与营养指南》及中国营养学会《中国居民膳食指南（2022）》"7~24月龄婴幼儿喂养指南"。辅食的量和奶量只是参考，具体可以灵活调整。

辅食添加月计划

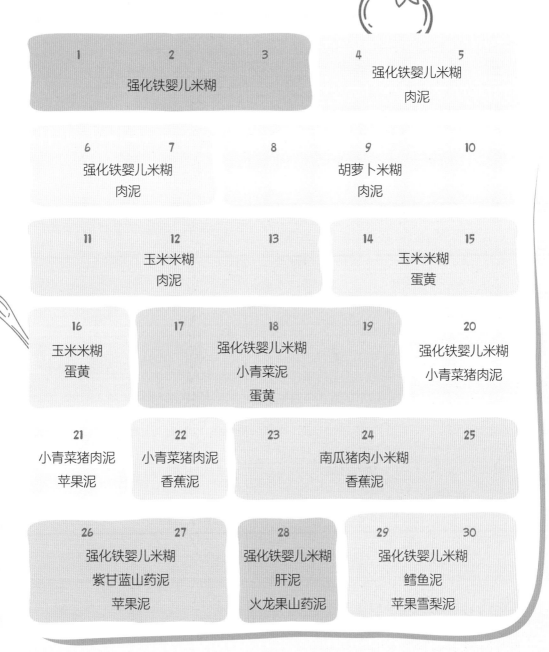

1	2	3
	强化铁婴儿米糊	

4	5
强化铁婴儿米糊	
肉泥	

6	7
强化铁婴儿米糊	
肉泥	

8	9	10
	胡萝卜米糊	
	肉泥	

11	12	13
	玉米米糊	
	肉泥	

14	15
玉米米糊	
蛋黄	

16
玉米米糊
蛋黄

17	18	19
	强化铁婴儿米糊	
	小青菜泥	
	蛋黄	

20
强化铁婴儿米糊
小青菜猪肉泥

21
小青菜猪肉泥
苹果泥

22
小青菜猪肉泥
香蕉泥

23	24	25
	南瓜猪肉小米糊	
	香蕉泥	

26	27
强化铁婴儿米糊	
紫甘蓝山药泥	
苹果泥	

28
强化铁婴儿米糊
肝泥
火龙果山药泥

29	30
强化铁婴儿米糊	
鳕鱼泥	
苹果雪梨泥	

注：在宝宝适应了某一种食物后，就可继续添加新的食物，并丰富辅食种类。刚开始宝宝辅食可能吃得很少，无法替代一顿奶。家长可以喂辅食后，再喂奶补充。辅食添加没有绝对顺序，以上计划表只是举例，仅供参考。

需要注意的喂养细节

🍼 母乳充足应继续坚持哺乳

　　这一时期的宝宝虽然可以吃一些辅食，但能够摄入的辅食量少，且种类不多，获得的能量和营养有限，所以还是要以奶类为主要营养来源。如果妈妈能继续母乳喂养，还是要坚持母乳喂养，尤其是母乳比较充足的情况下。随着辅食量的增加，妈妈可逐步减少哺乳次数，让宝宝逐步养成规律进食的习惯。有时候，妈妈并不清楚宝宝到底吃了多少母乳，但只要宝宝体重增加正常，一般不必担心。如果宝宝体重增加缓慢，可到医院咨询专业医生。

🍼 为什么宝宝爱吃母乳不愿意吃辅食

　　其实，母乳的味道会随着妈妈所吃食物的改变而有所变化。婴儿早期，母乳喂养不但可以让宝宝适应母乳的味道，还有利于宝宝日后接受各类食物。有些母乳喂养的宝宝之所以不愿意尝试辅食，一方面可能是依恋母乳，另一方面可能是家长没有给宝宝足够的时间或机会尝试辅食。家长要引导宝宝逐步养成饮食多样化的习惯，在一定程度上可以允许宝宝按自我意愿选择食物。

🕐 宝宝这么早就吃肉和蛋等, 会不会消化不良

这个阶段的宝宝生长发育迅速, 按照传统方式喂养, 远远不能满足宝宝的营养需要。这个阶段的宝宝需要及时从辅食中获得铁、锌等关键营养素, 故添加肉蛋等动物性食品就显得非常重要。不用担心宝宝这么早吃肉和蛋会消化不良, 只要做出来的辅食合适, 宝宝是可以正常消化的。

🕐 6~7个月的宝宝能不能吃鱼, 会不会过敏

辅食添加没有绝对顺序, 刻意延迟添加一些辅食并不能有效预防食物过敏; 相反, 还可能增加宝宝今后过敏的风险。所以, 6~7个月的宝宝, 不要刻意避免尝试鱼类。对于母乳喂养的宝宝, 如果妈妈一进食某类食材宝宝就出现过敏反应, 可以先暂停添加。最好等妈妈吃的时候, 宝宝不再过敏, 再给宝宝尝试该类食材。

🕐 可以给宝宝吃些水果, 但不要喝果汁

宝宝添加辅食以后, 可以逐步尝试各类水果, 刚开始时可以做成果泥。但宝宝1岁前最好别喝果汁, 因为果汁远不如水果健康, 大量摄入果汁还会增加宝宝今后出现龋齿、肥胖等的风险。所以, 为了宝宝的健康, 尽量给宝宝吃新鲜水果, 而非喝果汁。

⏲ 食物品种不要太单一

在辅食添加阶段，宝宝接受的食材种类越多，越有利于预防今后挑食、偏食。所以，如果有可能，家长尽量让宝宝尝试各类食材。

⏲ 新添加的食材都必须观察3天吗

辅食之所以要一种一种地加，且每种需要观察3天，主要目的是观察宝宝吃了该食材后是否存在不适，如过敏等。如果一次添加多种食材，一旦宝宝出现不适，则无法确定是哪种食材引起的。添加辅食的过程中，可以根据宝宝的具体情况作相应调整。当然，很多食材引起过敏的风险很低，宝宝也不是过敏体质，3天之内尝试多种食材也未尝不可。有的食材可以同时尝试，如鸡肉和鸡肝可以混合着尝试。

⏲ 宝宝不肯接受辅食怎么办

对于部分宝宝，辅食远没有母乳或配方奶有吸引力。但无论如何，家长要多引导宝宝抓握辅食，尝试辅食的味道，经过一段时间的努力，宝宝会渐渐接受辅食，吃辅食的兴趣也会越来越浓。

⏲ 宝宝为什么想吃大人碗里的，却不喜欢吃自己碗里的

宝宝吃辅食的过程，也是模仿大人的过程，看到大人从碗里或盘子里取食物，宝宝自然也想尝试，或者觉得大人吃的才是"食物"。宝宝想吃大人碗里的食物，是一种对食物好奇的表现，不必训斥。

强化铁婴儿米糊

准备好： 强化铁婴儿米粉适量

这样做：

❶米粉装入碗中。

❷米粉中加入适量温水，边加边用汤匙搅拌，让米粉与水充分混合。

这样吃不贫血

强化铁婴儿米糊可有效预防缺铁性贫血，常作为宝宝的第一口辅食。

碳水化合物、蛋白质、维生素、铁、锌

蛋白质、铁、磷、钾

猪肉泥

准备好： 猪里脊1块，强化铁婴儿米糊、姜片各适量

这样做：

❶猪里脊洗净，去筋膜和脂肪后切片，和姜片一起放入碗中，加水浸泡20分钟后将猪里脊放入辅食机，加适量温水搅打成泥。

❷猪肉泥加姜片，上锅蒸15分钟至熟。

❸蒸好的猪肉泥去姜片后放入辅食机，少量多次加入汤汁，再次搅打成泥。

❹取适量猪肉泥放入米糊，吃时搅拌均匀。

这样吃长得壮

猪里脊含蛋白质、铁、钾等营养素，脂肪含量低，是宝宝刚接触肉食时较好的选择。

山药泥

准备好: 山药 1/3 根

这样做:

❶ 山药洗净,去皮切块,冷水上锅,隔水蒸 15~20分钟至熟。

❷ 蒸好的山药稍微放凉后放入辅食机,加适量温水搅打成泥。

碳水化合物、蛋白质、B族维生素、维生素C

这样吃肠胃好

山药口感甜糯,含碳水化合物、蛋白质、B族维生素、维生素C等,可促进宝宝的消化和吸收。

玉米米糊

准备好: 鲜玉米粒、强化铁婴儿米粉、辅食油、黑芝麻粉各适量

这样做:

❶ 鲜玉米粒洗净,冷水下锅,煮熟后捞出放入辅食机,加适量温水搅打成糊。

❷ 玉米糊过筛,滤出玉米汁备用。

❸ 玉米汁中加入米粉,搅拌均匀,淋辅食油,撒黑芝麻粉。

碳水化合物、膳食纤维、蛋白质、钾、铁

这样吃不便秘

玉米含膳食纤维和多种微量元素,有刺激肠胃蠕动,预防宝宝便秘的作用。

蛋黄米糊

准备好： 熟鸡蛋黄1个，强化铁婴儿米粉适量

这样做：

❶熟鸡蛋黄加适量温水，搅拌成糊。

❷米粉加适量温水，搅拌成糊。

❸吃时将蛋黄糊与米糊拌匀。

碳水化合物、维生素A、钙、卵磷脂

这样吃更聪明

鸡蛋黄含卵磷脂、维生素A、钙、镁等多种矿物质，有助于宝宝大脑发育。

碳水化合物、维生素、钾、胡萝卜素

黄瓜米糊

准备好： 黄瓜1/3根，强化铁婴儿米粉、辅食油、猪肝粉、牡蛎粉各适量

这样做：

❶黄瓜洗净，切厚片，冷水下锅，水开煮2分钟至熟。

❷熟黄瓜片放入辅食机，搅打成泥。

❸米粉加适量温水，搅拌成糊。

❹取适量黄瓜泥放入米糊，淋辅食油，撒猪肝粉、牡蛎粉，吃时拌匀。

这样吃胃口好

黄瓜米糊颜色鲜亮，口感清新，让宝宝爱上吃辅食。

红薯米糊

准备好： 红薯半个，强化铁婴儿米粉适量

这样做：

❶ 红薯洗净，去皮切厚片，冷水上锅，隔水蒸15分钟至熟。

❷ 蒸熟的红薯片稍微放凉后放入辅食机，加适量温水，搅打成泥。

❸ 米粉加适量温水，搅拌成糊。

❹ 取适量红薯泥放入米糊，吃时搅拌均匀。

这样吃肠胃好

红薯富含碳水化合物和膳食纤维，有助于增强宝宝胃肠功能。

碳水化合物、膳食纤维、胡萝卜素

山药青菜蛋黄泥

碳水化合物、膳食纤维、蛋白质、维生素、卵磷脂

准备好： 山药1/3根，小青菜1棵，鸡蛋1个，核桃油适量

这样做：

❶ 山药洗净，去皮切块；鸡蛋洗净外壳。

❷ 山药块、鸡蛋冷水上锅，隔水蒸15分钟至熟；鸡蛋去壳和蛋白，留蛋黄备用。

❸ 小青菜洗净，开水下锅，焯烫至熟。

❹ 将山药块、小青菜和蛋黄放入辅食机，加适量温水，搅打成泥，淋核桃油。

这样吃更聪明

山药蒸熟后口感绵软，蛋黄含有丰富的卵磷脂，有助于促进宝宝大脑发育。

小青菜泥

准备好：小青菜1棵

这样做：

❶ 小青菜洗净，切段，开水下锅，焯烫至熟。

❷ 青菜段放入辅食机，加适量温水，搅打成泥。

膳食纤维、维生素C、钙、钾

这样吃不便秘

青菜富含膳食纤维、维生素C和矿物质，有助于增强宝宝免疫力，预防便秘。

胡萝卜米糊

准备好：胡萝卜半根，强化铁婴儿米粉适量

这样做：

❶ 胡萝卜洗净，去皮切厚片，冷水上锅，隔水蒸15分钟至熟。

❷ 蒸熟的胡萝卜片放入辅食机，加适量温水，搅打成泥。

❸ 米粉加适量温水，搅拌成糊；取适量胡萝卜泥放入米糊，吃时搅拌均匀。

碳水化合物、维生素、钾、胡萝卜素

这样吃视力好

胡萝卜富含胡萝卜素，胡萝卜素在人体内可转化成维生素A，可促进宝宝视觉发育。

樱桃香蕉泥

准备好： 樱桃3颗，香蕉半根

这样做：

❶ 樱桃洗净，切开去核。

❷ 香蕉去皮，切片。

❸ 樱桃肉和香蕉片放入辅食机，加适量温水，搅打成泥。

碳水化合物、钾、镁

这样吃身体好

樱桃富含花青素、胡萝卜素，可提高宝宝免疫力；香蕉口感清甜，更容易让宝宝接受。

火龙果山药泥

准备好： 铁棍山药1/3根，红心火龙果1/4个，强化铁婴儿米粉适量

这样做：

❶ 铁棍山药洗净，去皮切块，冷水上锅，隔水蒸15分钟至熟。

❷ 红心火龙果去皮，切块。

❸ 山药块和火龙果块放入辅食机，加入米粉和适量温水，搅打成泥。

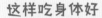

碳水化合物、膳食纤维、维生素

这样吃肠胃好

红心火龙果含花青素，能够帮助宝宝提高抗氧化能力；同时，丰富的膳食纤维还可促进肠道蠕动，预防宝宝便秘。

苹果雪梨泥

准备好： 苹果、雪梨各1个

这样做：

❶苹果、雪梨洗净，去皮、去核后切块。

❷取适量苹果块、雪梨块放入辅食机，加适量温水，搅打成泥。

维生素C、钾、果胶

这样吃身体好

苹果含有维生素C，可以提高宝宝免疫力。雪梨含多种维生素和矿物质，能为宝宝提供成长所需的营养。

南瓜红枣小米糊

准备好： 小米30克，去皮南瓜块50克，红枣4颗，辅食油适量

这样做：

❶小米淘洗干净；红枣洗净，切开去核。

❷小米、南瓜块和红枣冷水下锅，煮至熟烂。

❸将南瓜红枣小米粥倒入辅食机，搅打成糊，淋辅食油。

膳食纤维、B族维生素、维生素C、胡萝卜素

这样吃促发育

小米富含B族维生素，是促进宝宝身体发育的重要营养素；南瓜富含胡萝卜素，可促进宝宝的视力发育。

碳水化合物、
蛋白质、钙、
胡萝卜素、卵磷脂

菠菜蛋黄米糊

准备好：菠菜2棵，熟鸡蛋黄1个，强化铁婴儿米粉、辅食油、黑芝麻粉各适量

这样做：

❶菠菜去梗，洗净，开水下锅，焯烫至熟。

❷菠菜叶放入辅食机，加适量温水，搅打成泥。

❸米粉加适量温水，搅拌成糊。

❹取适量菠菜泥放入米糊，搅拌均匀，熟鸡蛋黄过筛成泥后加入米糊，淋辅食油，撒黑芝麻粉，吃时搅拌均匀。

这样吃视力好

菠菜富含胡萝卜素、维生素B_6、铁、钾等，有助于宝宝的视觉发育。

碳水化合物、
膳食纤维、
维生素C、钾、铁

红枣山药糊

准备好：山药半根，红枣4颗，核桃油适量

这样做：

❶山药洗净，去皮切块；红枣洗净。

❷山药块、红枣冷水上锅，隔水蒸15分钟至熟。

❸红枣去皮、去核。

❹山药块和红枣放入辅食机，加适量温水，搅打成糊，淋核桃油。

这样吃胃口好

红枣含有丰富的维生素C和多种矿物质，能提高宝宝的免疫力，酸甜的口感也有助于增强宝宝食欲。

苹果核桃芝麻糊

准备好：

苹果半个

生核桃仁、熟黑芝麻、
核桃油各适量

这样做：

❶苹果洗净，去皮切片。

❷苹果片、生核桃仁冷水上锅，隔水蒸15分钟至熟。

❸将蒸好的核桃仁去皮。

❹取适量苹果片、核桃仁、熟黑芝麻放入辅食机，
加适量温水，搅打成糊，淋核桃油。

这样吃更聪明

苹果含有较多膳食纤维、果胶、维生素C和其他矿物质，有助于增强宝宝体质。搭配核桃与黑芝麻，
营养多多，健脑益智。

膳食纤维、
维生素C、矿物质、
果胶

蛋白质、钙、卵磷脂

鳕鱼泥

准备好： 鳕鱼肉 1 块，姜片适量

这样做：

❶鳕鱼肉洗净，切块，加姜片腌制 15 分钟。

❷腌制好的鳕鱼肉冷水上锅，隔水蒸 15 分钟至熟。

❸蒸熟的鳕鱼肉检查无刺后放入辅食机，加适量温水，搅打成泥。

这样吃更聪明

鳕鱼是促进宝宝智力发育的首选食材之一，富含卵磷脂，还含有一定的DHA，对宝宝大脑发育尤为重要。

膳食纤维、蛋白质、维生素C

南瓜蛋黄小米糊

准备好： 南瓜 1/4 个，小米 50 克，熟鸡蛋黄 1 个，核桃油适量

这样做：

❶南瓜洗净，去皮去瓤后切小块；小米淘洗干净。

❷南瓜块、小米冷水下锅，煮至软烂。

❸煮熟的南瓜小米粥倒入辅食机，加入熟鸡蛋黄，搅打成糊，淋核桃油。

这样吃肠胃好

南瓜含胡萝卜素、膳食纤维，可以增强宝宝免疫力，改善便秘症状。南瓜与蛋黄、小米一起制成米糊，易消化吸收。

樱桃米糊

准备好： 樱桃、强化铁婴儿米粉、核桃油、黑芝麻粉各适量

这样做：

❶ 樱桃洗净，切开去核，放入辅食机，搅打成泥。

❷ 米粉加适量温水，搅拌成糊。

❸ 取适量樱桃泥放入米糊，淋核桃油，撒黑芝麻粉。

碳水化合物、维生素、矿物质

这样吃促发育

樱桃含多种维生素和矿物质，有助于宝宝身体发育，同时口感酸甜，很开胃。

碳水化合物、膳食纤维、B族维生素、胡萝卜素

南瓜猪肉小米糊

准备好： 猪瘦肉1块，小米50克，南瓜1/4块，姜片、核桃油各适量

这样做：

❶ 南瓜洗净，去皮切小块；小米淘洗干净；猪瘦肉洗净，切片，和姜片一起冷水下锅，水开后捞起。

❷ 南瓜块、小米、猪肉片冷水下锅，中火熬煮30分钟。

❸ 将南瓜猪肉小米粥倒入辅食机，搅打成糊，淋核桃油。

这样吃身体好

小米含有胡萝卜素，且与大米相比，钙、钾、镁、铁等矿物质和B族维生素含量更高，与南瓜、猪肉搭配做成米糊，营养更丰富。

碳水化合物、维生素、矿物质、花青素

蓝莓山药泥

准备好： 蓝莓1小盒，山药半根，黑芝麻粉适量

这样做：

❶ 蓝莓放入盐水中浸泡5分钟，捞出冲洗干净。

❷ 山药洗净，去皮切块，冷水上锅，隔水蒸15分钟至熟。

❸ 蓝莓和山药块放入辅食机，加适量温水，搅打成泥，撒黑芝麻粉。

这样吃身体好

蓝莓被誉为"黄金浆果"，富含花青素，可增强宝宝免疫力；山药含碳水化合物、B族维生素、维生素C等营养成分，有助于宝宝成长发育。

维生素C、铁、钙、胡萝卜素

西蓝花苹果红枣泥

准备好： 西蓝花1小棵，苹果半个，红枣2颗

这样做：

❶ 西蓝花洗净，切成小朵，开水下锅，焯烫至熟。

❷ 苹果洗净，去皮去核后切片；红枣洗净。

❸ 苹果片、红枣冷水上锅，隔水蒸10分钟至熟。

❹ 红枣去皮去核，与西蓝花、苹果片一同放入辅食机，加适量温水，搅打成泥。

这样吃促发育

西蓝花含膳食纤维、维生素C、钙、磷等营养素，可促进宝宝生长发育，增强免疫力。搭配苹果和红枣做成泥糊，细腻香甜，可增进宝宝食欲。

紫甘蓝山药泥

准备好： 紫甘蓝1/4个，山药半根，核桃油适量

这样做：

❶紫甘蓝洗净，切块；山药洗净，去皮切段。

❷紫甘蓝、山药段冷水上锅，隔水蒸至熟。

❸蒸熟的紫甘蓝、山药段放入辅食机，加适量温水，搅打成泥，淋核桃油。

这样吃肠胃好

紫甘蓝富含维生素C和叶酸，可以增强宝宝免疫力。同时，紫甘蓝富含膳食纤维，可以促进宝宝肠胃蠕动，预防便秘。

膳食纤维、B族维生素、维生素C、钙、磷

碳水化合物、膳食纤维、矿物质、胡萝卜素

西梅苹果米糊

准备好： 西梅2颗，苹果半个，强化铁婴儿米粉、辅食油、黑芝麻粉各适量

这样做：

❶西梅洗净；苹果洗净，去皮去核后切片；西梅和苹果片冷水下锅，煮至熟。

❷西梅去皮、去核，和苹果片一同放入辅食机，加适量米粉和温水，搅打成糊。

❸搅打好的米糊倒入碗中，淋辅食油，撒黑芝麻粉。

这样吃不便秘

西梅富含膳食纤维，可以帮助宝宝排便；苹果中含有一定量的膳食纤维和钾元素，能促进宝宝胃肠蠕动，预防便秘。

小青菜猪肉泥

准备好：

猪里脊1块

小青菜2棵

生姜、强化铁婴儿米
粉、核桃油各适量

这样做：

❶ 猪里脊洗净，去筋膜和脂肪后切小块；生姜洗
净，去皮切片；小青菜洗净。

❷ 猪里脊块冷水下锅，加入姜片，余水去浮沫；小
青菜开水下锅，焯水至熟。

❸ 猪里脊块、姜片捞出，冷水上锅，隔水蒸20
分钟至熟；米粉加适量温水，搅拌成糊。

❹ 猪里脊块、小青菜分别放入辅食机，搅打成泥。

❺ 取适量猪肉泥、小青菜泥拌入米糊，淋核桃油。

这样吃长得壮

小青菜猪肉泥富含碳水化合物、蛋白质、B族维生素等，营养全面。猪肉中的铁还有助于预防宝宝
贫血。

碳水化合物、
膳食纤维、
蛋白质、维生素C

山药草莓泥

准备好: 山药半根,草莓1颗,辅食油、黑芝麻粉各适量

这样做:

❶ 山药洗净,去皮切块;草莓洗净,去蒂。

❷ 山药块冷水上锅,隔水蒸15分钟至熟。

❸ 草莓、蒸熟的山药块放入辅食机,加适量温水,搅打成泥,淋辅食油,撒黑芝麻粉。

这样吃肠胃好

草莓富含维生素C,可以增强宝宝的体质。山药含膳食纤维,可以帮助宝宝调理肠胃。两者搭配,口感酸甜细腻,有助消化。

碳水化合物、膳食纤维、维生素C、矿物质

胡萝卜土豆蛋黄泥

准备好: 胡萝卜1根,土豆、鸡蛋各1个,核桃油适量

这样做:

❶ 胡萝卜、土豆洗净,去皮切片;鸡蛋冷水下锅,煮熟后取出蛋黄备用。

❷ 胡萝卜片、土豆片冷水上锅,隔水蒸15分钟至熟。

❸ 蒸熟的胡萝卜片、土豆片和蛋黄放入辅食机,加适量温水,搅打成泥,淋适量核桃油。

这样吃长得壮

土豆富含碳水化合物和钾,是不易引起过敏的食材;蛋黄含有优质蛋白、卵磷脂、维生素A等,且含铁、锌,是为宝宝补铁和补锌的良好食材。

碳水化合物、蛋白质、矿物质、胡萝卜素

碳水化合物、
B族维生素、
维生素C、
胡萝卜素

苹果小米糊

准备好： 苹果半个，胡萝卜半根，黄小米、圆糯米各20克

这样做：

❶ 苹果洗净，去皮切块；胡萝卜洗净，去皮切厚片；黄小米、圆糯米淘洗干净。

❷ 苹果块、胡萝卜片、黄小米、圆糯米冷水上锅，隔水蒸至熟。

❸ 蒸熟的苹果、胡萝卜、黄小米、圆糯米放入辅食机，加入温水，搅打成糊。

这样吃长得壮

黄小米中有较丰富的胡萝卜素，而且比大米含有更多的钙、钾、铁、镁、B族维生素。

蛋白质、
维生素C、
钙、卵磷脂

西葫芦蛋黄米糊

准备好： 西葫芦半根，熟鸡蛋黄1个，强化铁婴儿米粉、辅食油、黑芝麻粉各适量

这样做：

❶ 西葫芦洗净，切片去瓤，开水下锅，焯烫至熟。

❷ 西葫芦、熟鸡蛋黄放入辅食机，加适量米粉，搅打成糊。

❸ 搅打好的米糊倒入碗中，淋辅食油，撒黑芝麻粉。

这样吃肠胃好

西葫芦是常吃的瓜类蔬菜，含有一定的钾、膳食纤维等，初次添加西葫芦，家长要注意观察宝宝的反应。

香蕉核桃米糊

准备好: 香蕉半根,生核桃2个,强化铁婴儿米粉、核桃油各适量

这样做:

①核桃去壳,取仁,加适量开水略烫后去皮。

②香蕉去皮、切段,和核桃仁冷水上锅,隔水蒸15分钟。

③米粉加适量温水,搅拌成糊。

④蒸熟的香蕉、核桃仁放入辅食机,加适量温水,搅打成泥。

⑤取适量香蕉核桃泥放入米糊中,淋适量核桃油。

碳水化合物、B族维生素、维生素C、钾、脂肪酸

这样吃精神好

香蕉含有钾元素,是一种"快乐水果",还能给宝宝补充能量。宝宝累了、饿了、闹脾气了,不妨给他吃点香蕉吧。

满7月龄(210天)宝宝发育粗略评估

性别	身长/厘米	体重/千克	牙齿/颗	便便/次
男	65.7~74.9	7.2~10.8	0~2	2~4
女	64.2~73.1	6.7~10	0~2	2~4

7~8个月
（210~240天）
为自主进食做准备

　　这个阶段，大多数宝宝的辅食摄入量逐渐增加，辅食成为单独的一餐。随着宝宝咀嚼能力的提高，主食的选择可以更加丰富多样。除米糊之外，还可以尝试粥、碎面条、蒸糕等食物。

宝宝7~8个月重点补充营养素

· 钙

钙是人体中含量最多的一种无机盐,在维持人体循环、呼吸、神经、内分泌、消化、泌尿、免疫等系统正常生理功能中起重要调节作用。对于6月龄以内的宝宝,只要妈妈奶量充足,一般不会缺钙,但每日应摄入400国际单位的维生素D,以促进钙的吸收。对于7~12月龄的宝宝,中国营养学会建议每日摄入250毫克的钙,如果宝宝每日能保持600毫升以上的奶量,一般不需要担心缺钙。

对人体而言,钙不是补得越多越好,因为摄入过量的钙易影响人体对铁的吸收。如果宝宝需要额外补钙,最好在医生、营养师等专业人士指导下进行。补钙的理想时间是在两餐之间,少量多次补钙比一次大量补钙吸收效果要好。

除了母乳和配方奶,鱼、虾、黄豆及其制品也是钙的良好来源,深绿色蔬菜如菠菜、小白菜等也含有一定量的钙,爸爸妈妈可以在宝宝的辅食中适量添加。

常见补钙食材（每100克食材可食部分钙含量　单位: 毫克）

食物名称	钙含量	食物名称	钙含量
芝麻酱	1170	小白菜	117
河虾	325	鲫鱼	79
虾皮	991	豆腐	78
荠菜	294	西蓝花	50

食材和性状

· 推荐的辅食食材举例

主食	婴儿米粉、稠粥、颗粒面、细面条等
畜禽肉蛋鱼	牛肉、鸡肉、蛋黄、鱼肉、虾肉等
薯类	土豆、山药等
豆类及豆制品	毛豆、豆腐等
蔬菜	菠菜、丝瓜、青菜、番茄等
水果	杧果、火龙果、猕猴桃、哈密瓜等
植物油	核桃油、亚麻籽油等

· 推荐的辅食性状

主食（以粥为例）

泥状、碎末状、手指食物

蔬菜（以菠菜为例）

不带颗粒的糊状食物、
手指食物

畜禽肉蛋鱼（以猪肉为例）

泥状、碎末状或
嫩的块状食物

辅食推荐一日总安排

年龄阶段	7 ~ 8 个月（210 ~ 240 天）	
食物质地	泥状、碎末状	
辅食餐次	每天 2 次或 3 次	
进食辅食方式	小勺喂、尝试自主进食	
每日辅食种类和数量	奶类	4 次或 5 次
	谷薯类	婴儿米粉、粥、颗粒面等 3~5 勺
	畜禽肉鱼类、豆制品	肉、鱼、虾、豆腐等 3~4 勺
	蛋类	蛋黄 1 个
	蔬菜类	菜泥、碎菜、小块软菜 3~5 勺
	水果类	水果泥、水果碎 3~5 勺
	油	富含 α - 亚麻酸的植物油，如核桃油、亚麻籽油等
	水	白开水
	其他	选择原味食物

数量列：
- 奶类：600~800 毫升
- 谷薯类：25~50 克
- 畜禽肉鱼类、豆制品：25~40 克
- 蛋类：15 克
- 蔬菜类：25~50 克
- 水果类：25~50 克
- 油：5~10 克
- 水：少量多次尝试，用吸管杯或杯子喝水
- 其他：不加盐、糖等调味品

辅食添加月计划

1	2	3	4	5
	鲜虾丝瓜粥 玉米浓汤			猪肝菠菜粥 南瓜小米粥

6	7	8	9	10
猪肝菠菜粥 南瓜小米粥		蛋黄面线 山药小米时蔬粥		土豆鸡肉丸 南瓜牛肉粥

11	12	13	14	15
土豆鸡肉丸 南瓜牛肉粥		奶香红豆黑米粥 南瓜浓汤碎碎面		

16	17	18	19	20
紫薯山药双米粥 胡萝卜鲜虾碎碎面			鳕鱼蔬菜粥 蔬菜牛肉粥 黑米蒸糕	

21	22	23	24	25
鳕鱼蔬菜粥 蔬菜牛肉粥 黑米蒸糕	山药蛋黄番茄面 鳕鱼虾皮鸡蛋粥			蛋黄菠菜疙瘩汤 鲜蔬猪肝粥 南瓜蒸糕

26	27	28	29	30
蛋黄菠菜疙瘩汤 鲜蔬猪肝粥 南瓜蒸糕		蛋黄虾皮牛肉粥 胡萝卜鸡肉泥米糊		

需要注意的喂养细节

宝宝长牙了，会缺钙吗

一般来说，6~12个月是宝宝乳牙萌出的最初阶段。有些宝宝发育早，不到5个月的时候就开始长牙了。充足的钙可以使宝宝的乳牙快快生长，而且坚硬。只要保持充足的奶量，规律补充维生素D，宝宝一般不需要额外补钙。

不要久吃流质辅食

宝宝到了7~8个月，口腔的分泌功能日益完善，神经系统和肌肉控制能力也逐渐增强，吞咽能力也在进步。这时，可给宝宝吃些稍有硬度的碎末食物，以训练咀嚼和吞咽能力，促进牙齿生长和神经系统发育。

辅食添加量要把握好

很多家长给宝宝准备辅食时，常会一次性做很多，担心量小不够宝宝食用。其实，有时候宝宝的接受量未必有家长想象的那么大，家长一开始可以给宝宝喂少量的辅食，先让宝宝体验一下，看看宝宝的反应，然后再逐次增量。

菠菜鸡蛋羹

准备好： 生鸡蛋黄1个，菠菜1棵

这样做：

❶ 菠菜洗净，捣烂后加适量水，滤取汁液。

❷ 碗中放入生鸡蛋黄，加适量菠菜汁，用筷子搅打均匀。

❸ 蛋液倒入模具中，用勺子撇去浮沫，蒙上保鲜膜后在膜上扎几个透气孔，开水上锅，蒸8分钟后关火闷3分钟至熟。

这样吃肠胃好

菠菜含有丰富的胡萝卜素、维生素C等营养成分，还含有大量膳食纤维，具有促进肠道蠕动的作用。

蛋白质、胡萝卜素、卵磷脂

南瓜小米粥

准备好： 南瓜1小块，黄小米20克

这样做：

❶ 南瓜洗净，去皮切块后，冷水上锅，蒸15分钟至熟。

❷ 黄小米洗净，加适量水浸泡20分钟。

❸ 泡好的黄小米放入锅中，加适量水煮至熟。

❹ 南瓜块捣烂，加入小米粥中，搅拌均匀。

这样吃身体好

南瓜富含胡萝卜素，小米的铁、锌、B族维生素含量均高于大米，能为宝宝提供多重营养。

碳水化合物、B族维生素、胡萝卜素

鲜虾丝瓜粥

准备好：

丝瓜1根

胡萝卜1根

大米20克

大虾2只

植物油适量

这样做：

❶ 大米洗净，煮粥备用。

❷ 丝瓜洗净，去皮切小丁；胡萝卜洗净，去皮切薄片；大虾洗净，去壳取虾仁，挑去虾线。

❸ 胡萝卜片和虾仁开水下锅，汆烫至熟。

❹ 熟虾仁放入辅食机搅打成虾松；胡萝卜片切碎。

❺ 油锅烧热，加入胡萝卜碎和虾松，炒出香味后放入丝瓜丁；翻炒至食材变软后倒入适量米粥，搅拌均匀，再煮3分钟。

这样吃长得壮

虾含有较多的蛋白质、钙、磷、钾，以及丰富的铁、锌、硒，搭配胡萝卜和丝瓜煮粥，营养丰富均衡，尤其适合夏季食用。

碳水化合物、
蛋白质、
维生素C

山药小米时蔬粥

准备好： 山药半根，黄小米20克，胡萝卜半根，青菜1棵，熟鸡蛋黄1个

这样做：

❶ 山药洗净，去皮后剁成泥；胡萝卜洗净，去皮切碎；青菜洗净，切碎；黄小米洗净。

❷ 锅中放入黄小米、山药泥、胡萝卜碎，加入适量水，煮至软烂黏稠。

❸ 粥中加入青菜碎，煮2分钟至熟。

❹ 用漏勺将熟鸡蛋黄磨碎，起锅时放入粥中，吃时搅拌均匀。

这样吃胃口好

山药含有一定的淀粉和钾，与黄小米、蛋黄、青菜搭配，口感丰富，让宝宝爱上吃辅食。

碳水化合物、膳食纤维、蛋白质、胡萝卜素

玉米浓汤

准备好： 土豆1个，鲜玉米粒1小袋，西蓝花1朵，配方奶100毫升，胡萝卜半根，辅食油适量

这样做：

❶ 土豆洗净，去皮切块，冷水上锅，蒸15分钟至熟；胡萝卜洗净，去皮切小丁后备用；西蓝花洗净，开水下锅，焯水后切碎备用。

❷ 土豆块、鲜玉米粒放入辅食机，加入配方奶，搅打成糊。

❸ 油锅烧热，加入胡萝卜碎，炒出香味后倒入土豆玉米奶糊，搅拌均匀加入西蓝花碎。

这样吃长得壮

玉米浓汤食材种类多，营养丰富，为宝宝生长发育助力。

碳水化合物、膳食纤维、蛋白质、胡萝卜素

鲜蔬猪肝粥

准备好：

鲜猪肝1小块

鲜柠檬2片

无盐虾皮1小把

番茄半个

小青菜1棵

大米、黄小米、植物油各适量

这样做：

❶大米和黄小米洗净，煮粥备用。

❷鲜猪肝洗净，切片，开水下锅，加柠檬片去腥，汆烫至熟。

❸番茄洗净，去皮切丁；小青菜洗净，切碎；无盐虾皮加水浸泡5分钟，剁碎。

❹汆烫后的猪肝沥干水分，放入辅食机，搅碎。

❺油锅烧热，加入番茄丁、虾皮碎和猪肝碎，炒出香味后倒入适量米粥和青菜碎，搅拌均匀，再煮2分钟。

这样吃不贫血

猪肝富含铁元素、维生素A，不仅有助于预防缺铁性贫血，对宝宝的视力发育也有益。

碳水化合物、蛋白质、维生素、铁、锌

紫薯山药双米粥

准备好： 紫薯1个，山药半根，黄小米20克，大米20克，红枣3颗

这样做：

❶紫薯洗净，去皮切块；山药洗净，去皮切段；红枣洗净，去核切丁。

❷黄小米、大米洗净。

❸紫薯块、山药段、黄小米、大米和红枣丁放入电炖锅，加适量水，选择煮粥功能，煮至熟烂。

这样吃不便秘

薯类富含膳食纤维，有利于肠道蠕动，适量食用，可以预防宝宝便秘。

碳水化合物、膳食纤维、B族维生素

山药蛋黄番茄面

准备好： 山药1小根，番茄半个，生鸡蛋黄1个，小青菜1棵，宝宝面条1小袋，植物油适量

这样做：

❶山药洗净，去皮切段；番茄洗净，去皮切小丁；小青菜洗净，切碎。

❷山药段放入辅食机，加适量温水，搅打成泥；生鸡蛋黄打成蛋黄液。

❸油锅烧热，加入番茄丁，炒出汁水后加入适量水和山药泥；水开后放入掰碎的宝宝面条，淋上蛋黄液，撒上青菜碎，煮至菜熟。

这样吃长得壮

口感绵软的山药碎搭配番茄，再加入蛋黄、小青菜和面条，营养丰富，有助于增强宝宝体质。

碳水化合物、膳食纤维、蛋白质、维生素C

胡萝卜鸡肉泥米糊

准备好：

鸡胸肉1小块

胡萝卜1小根

鲜柠檬2片

婴儿米粉、姜片、辅食油、
黑芝麻粉各适量

这样做：

❶ 鸡胸肉洗净，切片，加鲜柠檬片和适量水浸泡5分钟去腥；胡萝卜洗净，去皮切片。

❷ 鸡胸肉片加姜片，冷水下锅汆烫2~3分钟。

❸ 胡萝卜片和鸡胸肉片开水上锅，蒸15分钟至胡萝卜熟透；胡萝卜片和鸡胸肉片放入辅食机，加适量温水，搅打成泥。

❹ 婴儿米粉加适量温水，搅拌成糊。

❺ 取适量胡萝卜鸡胸肉泥加入米糊，淋适量辅食油，撒黑芝麻粉，吃时搅拌均匀。

这样吃长得壮

鸡肉含蛋白质、维生素及矿物质，与胡萝卜一起做成复合辅食，营养更均衡。

碳水化合物、
蛋白质、铁、
胡萝卜素

西蓝花蛋羹

膳食纤维、蛋白质、维生素C、卵磷脂

准备好：西蓝花1朵，鸡蛋1个

这样做：

①鸡蛋打入碗中，取出蛋黄；蛋黄加适量温水，搅打均匀后过筛倒入蒸碗。

②西蓝花用盐水浸泡10分钟，清水冲洗干净。

③用辅食剪刀将西蓝花剪碎（不要梗），碎末均匀撒在蛋液上。

④蛋液开水上锅，隔水蒸10分钟至熟。

这样吃长得壮

西蓝花中维生素和矿物质的含量相对高于其他蔬菜，丰富的维生素C也有利于提高宝宝的免疫力。

山药苹果球

碳水化合物、蛋白质、维生素C

准备好：山药1小根，胡萝卜1根，苹果1个，鸡蛋1个，配方奶粉10克，橄榄油适量

这样做：

①山药洗净，去皮切片；胡萝卜、苹果洗净，去皮切小丁；鸡蛋洗净外壳。

②山药片、胡萝卜丁、苹果丁和鸡蛋冷水上锅，隔水蒸15分钟至熟。

③鸡蛋去壳和蛋白，留蛋黄备用。

④山药片捣成泥后加入胡萝卜丁、苹果丁、熟鸡蛋黄和配方奶粉，搅拌均匀。

⑤手上抹油，将山药苹果泥搓成小球。

这样吃身体好

山药苹果球口感甘甜，含有碳水化合物、钾、膳食纤维、黄酮类化合物等，是适合宝宝的健康"甜"食。

冬瓜牛肉泥

准备好：

冬瓜1小块
牛肉1块
婴儿米粉、姜片、核桃油
各适量

这样做：

❶冬瓜洗净，去皮切小块，放入辅食机，选择蒸煮功能，搅打成泥。

❷牛肉洗净，去筋膜后切小块，冷水下锅，加姜片，焯水，撇去浮沫。

❸牛肉块和姜片捞出洗净，开水上锅，隔水蒸熟。

❹牛肉块放入辅食机，搅打成泥。

❺婴儿米粉加适量温水，搅拌均匀后加入牛肉泥和冬瓜泥，淋适量核桃油。

这样吃长得壮

冬瓜含有维生素C、膳食纤维等营养成分，含水量很大；牛肉富含优质蛋白、铁、锌等。冬瓜牛肉泥将谷类、肉类、蔬菜相结合，营养丰富均衡。

碳水化合物、
蛋白质、维生素、
铁、锌

鳕鱼蔬菜粥

准备好：鳕鱼肉1块，胡萝卜1根，小青菜1棵，大米20克，植物油适量

这样做：

① 大米洗净，煮粥备用。

② 鳕鱼肉洗净，切碎；胡萝卜洗净，去皮切碎；小青菜洗净，切碎。

③ 油锅烧热，加入胡萝卜碎和鳕鱼肉，炒出香味后放入大米粥，搅拌均匀，煮5分钟后加入青菜碎，再煮3分钟。

这样吃更聪明

在米粥里加入胡萝卜，可以为宝宝补充胡萝卜素，加入鳕鱼可以补充蛋白质和DHA等。鳕鱼蔬菜粥营养均衡，口感丰富。

碳水化合物、膳食纤维、蛋白质、B族维生素

南瓜浓汤碎碎面

准备好：南瓜1小块，胡萝卜1根，小青菜1棵，宝宝面条1小袋，植物油适量

这样做：

① 胡萝卜洗净，去皮切碎；小青菜洗净，切碎。

② 南瓜洗净，去皮去瓤后切块，开水上锅，隔水蒸15分钟至熟。

③ 油锅烧热，加入胡萝卜碎，翻炒至断生后加入适量温水；水开后下入掰碎的宝宝面条和南瓜泥、青菜碎，再煮2分钟。

这样吃胃口好

宝宝不爱吃饭，不妨来试试这碗碎碎面。浓浓的南瓜汁包裹着面条，扑鼻而来的香味让宝宝食欲大增。

碳水化合物、膳食纤维、维生素C、胡萝卜素

鳕鱼虾皮鸡蛋粥

准备好: 鳕鱼肉1块,胡萝卜半根,米饭1小碗,鸡蛋1个,无盐虾皮、小青菜碎、植物油各适量

这样做:

❶ 鳕鱼肉洗净,切碎;胡萝卜洗净,去皮切碎;鸡蛋取蛋黄,打散备用。

❷ 油锅烧热,加入鳕鱼碎和胡萝卜碎翻炒,炒出香味后加入适量温水,再倒入米饭搅散,水开后淋蛋黄液。

❸ 搅拌均匀后煮至蛋熟,加小青菜碎、虾皮煮熟即可。

这样吃长得壮

鳕鱼属于低脂高蛋白食材,刺少肉嫩,适合宝宝食用。

碳水化合物、蛋白质、维生素C、钙、硒

蔬菜牛肉粥

准备好: 牛肉1块,胡萝卜1根,鲜香菇2朵,小青菜1棵,大米粥、姜片、植物油各适量

这样做:

❶ 胡萝卜洗净,去皮切碎;鲜香菇洗净,去蒂切碎;小青菜洗净,切碎。

❷ 牛肉洗净,去筋膜后切片,和姜片一起开水下锅,牛肉片余水后放入辅食机,加适量水,打碎。

❸ 油锅烧热,加入胡萝卜碎、香菇碎和牛肉碎,炒出香味后加适量水将食材煮熟,再倒入适量大米粥和青菜碎,搅拌均匀,再煮2分钟。

这样吃身体好

牛肉富含铁和优质蛋白,有助于预防贫血,提高免疫力。小青菜和胡萝卜富含膳食纤维和多种维生素,有保护视力、预防便秘的功效。

碳水化合物、蛋白质、维生素、铁

土豆胡萝卜肉末羹

准备好： 土豆30克，胡萝卜、猪肉末各20克，植物油适量

这样做：

❶ 土豆、胡萝卜洗净，去皮切块后放入辅食机，加适量水搅打成泥。

❷ 油锅烧热，下猪肉末翻炒至变色，倒入土豆胡萝卜泥，煮5分钟。

这样吃长得壮

胡萝卜含有丰富的胡萝卜素，胡萝卜素在体内可以转化成维生素A，搭配的肉类中也含有维生素A。土豆胡萝卜肉末羹，将多种食材搭配在一起，营养更均衡，有保护视力、提高免疫力的作用。

碳水化合物、蛋白质、维生素C、胡萝卜素

西蓝花牛肉泥

准备好： 西蓝花30克，牛肉20克，植物油适量

这样做：

❶ 牛肉洗净，切厚片后切末；西蓝花洗净，切小朵。

❷ 油锅烧热，下牛肉末翻炒至熟；西蓝花开水下锅，焯水后捞出切碎。

❸ 牛肉末放入辅食机，加适量水，搅打成泥。

❹ 将牛肉泥倒入西蓝花碎中，搅拌均匀。

这样吃促发育

牛肉含优质蛋白、铁、锌等，西蓝花含钙、膳食纤维和维生素C，有助于宝宝身体发育。

膳食纤维、蛋白质、维生素C、铁

胡萝卜鲜虾碎碎面

准备好：

胡萝卜1根

西蓝花2朵

鲜虾仁3只

宝宝面条1小袋

姜片、植物油、海苔黑芝麻粉各适量

这样做：

❶胡萝卜洗净，去皮切片；西蓝花洗净，切小朵。

❷胡萝卜片和西蓝花开水下锅，焯水后切碎；虾仁、姜片开水下锅，汆水至熟。

❸熟虾仁放入辅食机，搅打成虾松。

❹油锅烧热，加入胡萝卜碎和虾松，炒出香味后加入适量开水；水开后下入掰碎的宝宝面条，搅拌均匀后煮5分钟；再加入西蓝花碎，煮2分钟，撒海苔黑芝麻粉，搅拌均匀。

这样吃促发育

鲜虾肉质细嫩，味道鲜美，含有较多的钙、磷、钾，以及丰富的锌、铁、硒。胡萝卜鲜虾碎碎面有利于增强宝宝体质，促进生长发育。

碳水化合物、蛋白质、维生素、铁、锌

鳕鱼番茄米糊

碳水化合物、蛋白质、维生素

准备好： 番茄1个，鳕鱼肉1块，婴儿米粉、姜片、辅食油各适量

这样做：

❶ 番茄洗净，去皮切块；鳕鱼肉洗净。

❷ 鳕鱼肉（姜片浸泡后）和番茄开水上锅，隔水蒸15分钟至熟。

❸ 鳕鱼肉和番茄放入辅食机，加适量温水，搅打成泥。

❹ 米粉加适量温水，搅拌成糊，加入鳕鱼番茄泥，淋适量辅食油，吃时搅拌均匀。

这样吃更聪明

番茄和鳕鱼，荤素搭配，营养更均衡。鳕鱼中含有"脑黄金"之称的DHA，它对宝宝的智力发育有促进作用。

蛋黄菠菜疙瘩汤

碳水化合物、蛋白质、铁、胡萝卜素

准备好： 菠菜2棵，生鸡蛋黄1个，面粉、辅食油、黑芝麻粉各适量

这样做：

❶ 菠菜洗净，去梗留叶，放入辅食机，搅打成泥。

❷ 菠菜泥中加入面粉，搅拌成均匀的面疙瘩。

❸ 锅中加水，水开后用漏勺下入菠菜面疙瘩，加入鸡蛋黄搅拌出蛋花，撒黑芝麻粉，淋辅食油。

这样吃肠胃好

蛋黄菠菜疙瘩汤暖乎乎，软糯适口，特别适合消化不好的宝宝食用。

碳水化合物、
蛋白质、铁、
胡萝卜素

奶香红豆黑米粥

准备好：黑米、胚芽米、红豆、红枣、配方奶各适量

这样做：

❶黑米、胚芽米、红豆洗净；红枣洗净，去核。

❷黑米、胚芽米、红豆和红枣放入电炖锅，加入足量水，选择炖煮功能煮粥，出锅时加配方奶搅拌均匀。

这样吃长得壮

黑米、红豆等营养价值较高，含膳食纤维。黑米还含有较多的花青素，对宝宝的健康有益。

碳水化合物、
蛋白质、钙、铁

蛋黄虾皮牛肉粥

准备好：熟牛肉1块，熟胡萝卜厚片2片，熟香菇1朵，无盐虾皮1小把，大米粥、熟鸡蛋黄碎、青菜碎、植物油各适量

这样做：

❶熟牛肉、熟胡萝卜片、香菇和虾皮放入辅食机，打碎。

❷油锅烧热，加入打碎的食材，炒出香味后倒入大米粥和适量开水，煮开后加入蛋黄碎和青菜碎，再煮2分钟，吃时搅拌均匀。

这样吃长得壮

宝宝需要不断尝试新的味道，这道蛋黄虾皮牛肉粥补铁又补钙，营养丰富，不妨做给宝宝尝尝吧。

土豆鸡肉丸

准备好：

鸡胸肉1块

小青菜1棵

土豆1个

胡萝卜半根

番茄1个

葱花、干淀粉、植物油各适量

这样做：

❶鸡胸肉洗净，切小丁；小青菜洗净，切碎；胡萝卜、番茄洗净，去皮切小丁。

❷土豆洗净，去皮切片，冷水上锅，隔水蒸15~20分钟至熟。

❸鸡胸肉丁和蒸好的土豆片放入辅食机，搅打成泥。

❹鸡肉土豆泥中加入胡萝卜丁、干淀粉，搅拌均匀，装入裱花袋备用。

❺油锅烧热，下葱花爆香，放入番茄丁炒至出汁。

❻锅中加入开水，待水沸后用裱花袋挤入土豆鸡肉丸，丸子漂起时放入青菜碎，菜熟后出锅。

这样吃肠胃好

土豆鸡肉丸很适合小月龄的宝宝，软软糯糯口感好，还可以用来给宝宝当手指食物，锻炼精细动作。家长记得将丸子切碎再喂，以防宝宝吃时噎住。

碳水化合物、蛋白质、维生素C、胡萝卜素

碳水化合物、B族维生素、铁、胡萝卜素

猪肝菠菜粥

准备好： 鲜猪肝1块，菠菜1棵，大米粥、姜片、植物油各适量

这样做：

❶ 猪肝洗净，切片，开水下锅，加姜片汆水至熟；菠菜洗净，开水下锅煮至熟，切碎。

❷ 猪肝片放入辅食机，打碎。

❸ 油锅烧热，加入猪肝碎，略炒后倒入适量大米粥和菠菜碎，搅拌均匀后再煮5分钟。

这样吃长得壮

猪肝含有丰富的铁、锌、维生素A等，所含的铁为血红素铁，人体吸收率在30%以上，是补铁的良好食材，可每周给宝宝安排1次或2次含肝类的辅食。

碳水化合物、蛋白质、维生素C、胡萝卜素

南瓜蒸糕

准备好： 南瓜1小块，胡萝卜半根，面粉30克，鸡蛋1个

这样做：

❶ 南瓜、胡萝卜洗净，去皮切块。

❷ 南瓜块、胡萝卜块放入辅食机，打入鸡蛋，加入面粉，搅打成糊。

❸ 面糊倒入模具中（八分满），振去气泡，开水上锅，隔水蒸15分钟后关火，再闷5分钟。

这样吃身体好

南瓜蒸糕吃起来甜甜的，多数宝宝比较容易接受。南瓜含有丰富的胡萝卜素和多种矿物质，有助于保护视力、提高免疫力。

南瓜牛肉粥

准备好：

南瓜1块

胡萝卜1根

小青菜1棵

牛肉1块

胚芽谷物米30克

牛油果油、自制香菇粉各适量

这样做：

❶胚芽谷物米加适量水煮粥备用。

❷南瓜洗净，去皮切块；胡萝卜洗净，去皮切小丁；小青菜洗净，切碎；牛肉洗净，切小丁。

❸油锅烧热，加入牛肉丁，炒出香味后放入南瓜块和胡萝卜丁，加入适量开水后加盖焖煮。

❹锅中食材软烂后，倒入适量大米粥和青菜碎，撒香菇粉，搅拌均匀，再煮3分钟。

这样吃长得壮

南瓜牛肉粥里有肉有菜，营养丰富，口感有南瓜微微的香甜，蔬菜又可以锻炼宝宝的咀嚼能力，很适合做宝宝的辅食。

碳水化合物、蛋白质、维生素C、铁

碳水化合物、
蛋白质、
维生素C

蛋黄面线

准备好： 生鸡蛋黄1个，低筋面粉15克，
番茄泥适量

这样做：

❶生鸡蛋黄放入碗中，加低筋面粉和水，
搅拌至面糊无颗粒，装入裱花袋。

❷锅中放水，水开后改小火，挤入面线煮
至熟，加入番茄泥，搅拌均匀，再煮2
分钟。

这样吃胃口好

鸡蛋黄的铁含量丰富，能够预防宝宝缺铁。蛋
黄面线酸酸甜甜的口感，还可以提升宝宝食欲。

碳水化合物、
蛋白质、B族维生素、
矿物质

黑米蒸糕

准备好： 黑米20克，山药半根，红枣4颗，
鸡蛋1个，植物油适量

这样做：

❶黑米洗净，加水浸泡20分钟；山药洗净，
去皮切段；红枣洗净，去核切碎。

❷黑米、山药段和红枣碎放入破壁机，打
入鸡蛋，搅打均匀。

❸蒸碗底部铺油纸，刷植物油，倒入黑米糊，
蒙上保鲜膜后在膜上扎几个透气孔，开水
上锅，隔水蒸25分钟后关火，闷5分钟至熟。

这样吃长得壮

黑米有"黑珍珠"的美誉，含B族维生素和钙、
磷、钾等矿物质，可以为宝宝补充多种营养。

奶香粑粑糕

准备好: 带叶甜玉米1根, 红枣5颗, 配方奶70毫升, 低筋面粉50克, 酵母粉适量

这样做:

①甜玉米切去头尾, 剥下叶子后一同洗净, 玉米叶剪成大小近似的片备用。

②剥下玉米粒, 放入辅食机搅打成糊。

③红枣洗净, 去核切块。

④玉米加酵母粉、配方奶和低筋面粉, 搅拌均匀, 饧发30~60分钟。

⑤将玉米糊抹在玉米叶上, 放上红枣块做装饰, 冷水上锅, 隔水蒸15分钟至熟。

碳水化合物、蛋白质、维生素C

这样吃长得壮

玉米营养丰富, 含有一定的淀粉、钾、膳食纤维等, 加入一定量的配方奶粉, 让糕点口味更好, 营养价值更高。

满8月龄(240天)宝宝发育粗略评估

性别	身长/厘米	体重/千克	牙齿/颗	便便/次
男	67.1~76.4	7.5~11.1	2~4	2~4
女	65.6~74.7	6.9~10.4	2~4	2~4

8~9个月
（240~270天）
提升食物的粗糙程度

这一阶段的辅食要充分满足宝宝对能量、优质蛋白、铁、锌、钙、维生素等营养素的需求，同时要开始加入方便用手抓捏的手指食物，鼓励宝宝自己拿着吃。

宝宝8~9个月重点补充营养素

· 蛋白质

蛋白质是构成人体细胞的重要成分，是保证生理作用的物质基础，也是维持人体生长发育和生命活动的主要营养素。宝宝在生长发育时期需要多种必需氨基酸，即赖氨酸、色氨酸、蛋氨酸、苯丙氨酸、亮氨酸、异亮氨酸、苏氨酸、缬氨酸、组氨酸、精氨酸。这些氨基酸在人体内不能合成，需要从食物中获得。

不同食物混合食用时，各类蛋白质所含氨基酸在人体内取长补短，相互补充，这就是蛋白质的互补作用。随着月龄增长，宝宝身体发育需要的蛋白质逐步增多，此时，宝宝一方面可以从奶中获得蛋白质，另一方面可以从辅食中获得。富含优质蛋白的食物包括肉类、鱼虾类、蛋类等动物性食品，以及豆制品（如豆腐）等植物性食品。

为了摄入足够的蛋白质，家长可以每天选择2种或3种高蛋白食材，将其搭配好做成辅食，营养互补，也更有利于宝宝吸收。

食材和性状

· 推荐的辅食食材举例

主食	稠粥、颗粒面、面条、软米饭、面包、馒头等
畜禽肉蛋鱼	猪肉、牛肉、鸡肉、蛋黄、鱼肉、虾肉等
薯类	土豆、山药等
豆类及豆制品	毛豆、豆腐等
蔬菜	番茄、菠菜、小白菜、黄瓜等
水果	苹果、香蕉、橙子、西瓜等
植物油	核桃油、亚麻籽油等

· 推荐的辅食性状

主食（以粥为例）

碎末状食物和
手指食物

蔬菜（以胡萝卜等为例）

颗粒状、碎末状食物和
手指食物

畜禽肉蛋鱼（以鱼肉为例）

碎末状或
嫩的块状食物

辅食推荐一日总安排

年龄阶段	8~9个月（240~270天）	
食物质地	颗粒状、碎末状食物和手指食物、嫩的块状食物	
辅食餐次	每天2次或3次，每次合计2/3碗	
进食辅食方式	小勺喂、尝试自主进食	
每日辅食种类和数量	奶类	3次或4次	600~800毫升
	谷薯类	婴儿米粉、粥、颗粒面等3~5勺	25~50克
	畜禽肉、鱼类、豆制品	肉、鱼、虾、豆腐等3~5勺	25~40克
	蛋类	蛋黄1个	15克
	蔬菜类	菜泥、碎菜、小块软菜3~5勺	25~50克
	水果类	水果泥、水果碎3~5勺	25~50克
	油	富含α-亚麻酸的植物油如核桃油、亚麻籽油等	5~10克
	水	白开水	少量多次尝试用吸管杯或杯子喝水
	其他	选择原味食物	不加盐、糖等调味品

注：1碗≈250毫升（小饭碗，口径约10厘米，高约5厘米）。

辅食添加月计划

1	2	3	4	5
奶香南瓜燕麦粥 红枣山药蒸糕			番茄肉末烂面条 黄瓜松糕	

6	7	8	9	10
番茄肉末烂面条 黄瓜松糕		时蔬鱼肉粥 香蕉鸡蛋小饼		南瓜浓汤牛肉面 胡萝卜小米糕

11	12	13	14	15
南瓜浓汤牛肉面 胡萝卜小米糕		香菇鸡肉粥 苹果胡萝卜蒸糕		

16	17	18	19	20
小白菜排骨粥 黑芝麻蛋卷			番茄牛肉粥 三文鱼土豆饼	

21	22	23	24	25
番茄牛肉粥 三文鱼土豆饼		鲜虾小馄饨 土豆胡萝卜条		蔬菜馒头丁 鳕鱼菠菜丸

26	27	28	29	30
蔬菜馒头丁 鳕鱼菠菜丸		时蔬瘦肉粥 蛋黄虾仁豆腐		

需要注意的喂养细节

每天都让宝宝吃些水果

水果通常有甜味,大多数宝宝比较喜欢。水果含有钾、镁、胡萝卜素、维生素C等,营养丰富,适量食用有利于宝宝的健康。不同季节,可以给宝宝选择新鲜的时令水果,如春天的草莓、樱桃,夏天的桃、西瓜,秋天的葡萄、苹果、梨、橘子等。现在,由于冷藏和运输便利,冬天也可以获得多种水果。

宝宝不爱吃水果怎么办

尽管水果清甜爽口,但仍有少数宝宝不肯接受水果。遇到这种情况,家长不必太着急。在此期间,家长可以多品种分多次给宝宝慢慢尝试,直到宝宝找到自己爱的那个味道。家长要做的就是保持耐心。

宝宝大便里有蔬菜残渣,是不是消化不良

这个阶段的宝宝还是以吞咽为主,咀嚼能力有限,甚至不咀嚼,因此大便中含有食物残渣,甚至有整块残渣也属于正常情况,可以让宝宝坚持尝试。随着宝宝咀嚼和消化能力提高,这种现象会逐步好转。

裙带菜鲜虾丸

准备好：

大虾8只，胡萝卜1根，玉米淀粉、生鸡蛋清、裙带菜、植物油各适量

这样做：

①大虾洗净，去壳取虾仁，挑去虾线；胡萝卜洗净，去皮切片；裙带菜泡发，洗净剁碎。

②虾仁、胡萝卜和生鸡蛋清放入辅食机，搅打成泥，加入裙带菜、玉米淀粉，搅拌均匀，装入裱花袋。

③锅中刷油，挤入虾丸，煎至金黄熟透。

这样吃长得壮

裙带菜人称"海藻之王"，蛋白质、碘、钙含量较丰富，适量食用有助于促进宝宝骨骼发育。

碳水化合物、
蛋白质、
胡萝卜素、碘

牛肉小方

准备好：

牛肉1块，山药半根，生鸡蛋黄1个，葱花、猪肝粉、葱姜水、干淀粉、植物油各适量

这样做：

①牛肉洗净，切块，用葱姜水浸泡去腥；山药洗净，去皮切段；生鸡蛋黄打散，加入葱花。

②牛肉和山药放入辅食机，搅打成泥，加入干淀粉、猪肝粉搅拌均匀。

③蒸碗底部刷油，放入牛肉山药泥，蒙上保鲜膜后在膜上扎孔，蒸20分钟。

④蒸好的牛肉山药泥取出切块，裹上蛋液，放入油锅中煎至蛋熟。

这样吃不贫血

牛肉含铁和优质蛋白，给宝宝规律性添加可以预防缺铁性贫血。加入山药和蛋黄后口感更加细腻，容易咀嚼。

碳水化合物、
蛋白质、维生素、
铁、锌

鲜虾小馄饨

准备好:

大虾6只

西蓝花1朵

胡萝卜1根

辅食油、自制香菇粉、馄饨皮各
适量

这样做:

❶大虾洗净,去壳取虾仁,挑去虾线。

❷西蓝花洗净,切小朵;胡萝卜洗净,去皮切片。
西蓝花、胡萝卜开水下锅,焯水至熟。

❸虾仁、西蓝花和胡萝卜片放入辅食机,搅打成
馅,加辅食油、香菇粉,搅拌均匀,装入裱花袋。

❹第一层馄饨皮刷水,挤上馄饨馅,盖上第二层
馄饨皮,压实馄饨皮连接部分,用模具抠出一
个个小馄饨。

❺锅中加水,水微沸后下入小馄饨,煮至漂起。

这样吃身体好

虾仁低脂肪、高蛋白,含钙、锌、镁等矿物质,易消化吸收。搭配含有丰富的钙、钾、镁、维生素
C、膳食纤维、胡萝卜素的西蓝花和胡萝卜,营养丰富均衡。

碳水化合物、
蛋白质、维生素C、
胡萝卜素

苹果胡萝卜蒸糕

准备好： 苹果1个，胡萝卜1根，低筋面粉60克，辅食油适量

这样做：

❶ 苹果、胡萝卜洗净，去皮切块后放入辅食机，加适量温水，搅打成泥。

❷ 低筋面粉中加入苹果胡萝卜泥，搅拌均匀至面糊无颗粒。

❸ 蒸碗底部刷辅食油，倒入面糊，蒙上保鲜膜后在膜上扎几个透气孔，冷水上锅，隔水蒸20分钟，晾凉后脱模切块。

这样吃肠胃好

苹果含有膳食纤维，膳食纤维是肠道益生菌的"粮食"，可呵护肠道益生菌，维护宝宝的肠胃功能。

碳水化合物、维生素、胡萝卜素

时蔬鱼肉粥

准备好： 鱼1条，小青菜1棵，大米、胡萝卜、玉米粒、姜片各适量

这样做：

❶ 鱼去内脏后洗净，加姜片，冷水上锅，蒸熟后取适量肉，用手揉搓，确认无刺。

❷ 小青菜洗净，切碎；胡萝卜洗净，去皮切碎；玉米粒洗净，切碎。

❸ 大米、胡萝卜碎和玉米粒放入锅中，加足量水，煮40分钟至粥熟。

❹ 粥中加入鱼肉和青菜碎，再煮5分钟。

这样吃身体好

鱼肉富含优质蛋白，还含有一定的铁、锌等微量元素，有利于预防缺铁、缺锌。

碳水化合物、蛋白质、维生素、DHA

蔬菜鲜虾圈

准备好：

大虾仁100克

生鸡蛋清1个

胡萝卜1根

西蓝花1朵

玉米淀粉1勺

植物油适量

这样做：

❶ 大虾仁洗净，挑去虾线；胡萝卜洗净，去皮切片；西蓝花洗净。

❷ 胡萝卜、西蓝花开水入锅，焯水至熟后切碎。

❸ 大虾仁和鸡蛋清放入辅食机，搅打成泥。

❹ 虾泥中加入胡萝卜碎、西蓝花碎和玉米淀粉，搅拌均匀，装入裱花袋备用。

❺ 锅中刷油，挤入虾圈，小火煎至两面金黄熟透。

这样吃长得壮

虾仁不仅能补充优质蛋白，还富含钙，加上鸡蛋、胡萝卜和西蓝花，宝宝吃了长肉长个子。蔬菜鲜虾圈还可以作为宝宝的手指食物，锻炼宝宝自主进食的能力，促进精细动作发展。

蛋白质、钙、胡萝卜素

胡萝卜小米糕

准备好： 胡萝卜半根，小米40克，鸡蛋1个，辅食油适量

这样做：

❶ 胡萝卜洗净，去皮切片；小米洗净。

❷ 胡萝卜、小米放入辅食机，打入鸡蛋，搅打成糊。

❸ 模具刷油，倒入胡萝卜小米糊，开水上锅，隔水蒸20分钟。

这样吃长得壮

小米中含有丰富的B族维生素、胡萝卜素等，铁的含量也较高。胡萝卜小米糕软软糯糯，可以让宝宝自己拿着吃，锻炼自主进食能力。

奶香南瓜燕麦粥

准备好： 南瓜半个，燕麦、配方奶各适量

这样做：

❶ 燕麦洗净，加水煮粥备用。

❷ 南瓜洗净，切块，开水上锅，蒸熟后挖出瓜肉捣成泥。

❸ 燕麦粥中加入南瓜泥，搅拌均匀，出锅前加配方奶。

这样吃不便秘

燕麦含钙、铁、B族维生素、膳食纤维等，摄入适量的膳食纤维有利于通便。家长也可以给宝宝选择婴儿燕麦粉来制作本道辅食。

香蕉鸡蛋小饼

准备好： 香蕉1根，生鸡蛋黄1个，配方奶、面粉、黑芝麻、植物油各适量

这样做：

❶ 香蕉去皮，切厚片。

❷ 生鸡蛋黄、面粉、配方奶和黑芝麻放入碗中，搅拌均匀。

❸ 锅中刷油，香蕉片蘸取蛋液后下锅，煎至表面金黄。

这样吃精神好

香蕉含有丰富的碳水化合物和钾等，对于腹泻恢复期的宝宝来说，香蕉是不错的选择。

山药牛肉小丸

准备好： 牛肉1块，山药1根，生鸡蛋黄1个，番茄1个，葱花、植物油各适量

这样做：

❶ 牛肉洗净，切块；山药洗净，去皮切段；番茄洗净，去皮切小丁。

❷ 牛肉块和山药段放入辅食机，加入生鸡蛋黄，搅打成泥，装入裱花袋备用。

❸ 油锅烧热，下番茄丁，炒出汁水后加开水煮3分钟；转小火，挤入牛肉小丸，再煮3分钟后撒葱花。

这样吃长得壮

山药属于薯类，含有碳水化合物、钾等。山药牛肉小丸荤素搭配，口感嫩滑，营养均衡。

三文鱼土豆饼

准备好：

土豆1个

胡萝卜1根

三文鱼1块

姜片、面粉、黑芝麻各适量

碳水化合物、蛋白质、胡萝卜素、DHA

这样做：

❶土豆、胡萝卜洗净，去皮切片。

❷三文鱼加姜片，和土豆片、胡萝卜片一起冷水上锅，隔水蒸20分钟至熟。

❸土豆片压成泥；胡萝卜片、三文鱼肉切碎。

❹土豆泥中加入胡萝卜碎、三文鱼碎和面粉，搅拌均匀。

❺取适量三文鱼土豆糊搓成球，再压成饼，整理形状。

❻锅中不放油，放入三文鱼土豆饼，表面撒黑芝麻，小火煎至两面金黄。

这样吃更聪明

三文鱼、鳕鱼、黄花鱼、鲈鱼等鱼的鱼刺较大、易剔除，更适合给宝宝做辅食。三文鱼还含丰富的DHA，DHA是促进大脑和眼睛发育的必需脂肪酸。

香菇鸡肉粥

准备好:

大米15克

胡萝卜半根

鲜香菇1朵

鸡胸肉1块

葱姜水、干淀粉、辅食油各适量

这样做:

①大米洗净,放入电炖锅,加适量水,煮粥备用。

②胡萝卜洗净,去皮切碎;鲜香菇洗净,去蒂切碎。

③鸡胸肉洗净,加葱姜水浸泡20分钟后放入辅食机,搅打成泥后加干淀粉和辅食油,搅拌均匀。

④油锅烧热,放入鸡肉泥,翻炒断生后加入胡萝卜碎和香菇碎,炒出香味。

⑤将胡萝卜香菇鸡肉碎放入煮好的粥中,煮至食材熟烂。

这样吃长得壮

香菇味道比较鲜,有利于调动宝宝食欲。香菇鸡肉粥的主要营养成分有碳水化合物、蛋白质、胡萝卜素等,有主食、有肉、有菜,营养丰富。

土豆胡萝卜条

准备好： 土豆1个，胡萝卜1根，低筋面粉15克，生鸡蛋黄1个，植物油适量

这样做：

❶ 土豆、胡萝卜洗净，去皮切片，开水上锅，隔水蒸15分钟。

❷ 土豆片和胡萝卜片放入辅食机，搅打成泥。

❸ 土豆胡萝卜泥中加入低筋面粉、生鸡蛋黄，搅拌均匀，装入裱花袋备用。

❹ 锅中刷油，挤入土豆胡萝卜条，小火煎至两面金黄。

这样吃肠胃好

土豆胡萝卜条含维生素、钙、钾等营养元素，易消化吸收，能为宝宝提供不少能量。

蛋黄鲜虾小饼

准备好： 大虾仁3个，胡萝卜半根，鸡蛋1个，干淀粉、黑芝麻、植物油各适量

这样做：

❶ 大虾仁洗净，挑去虾线；胡萝卜洗净，去皮切片；打鸡蛋，蛋清、蛋黄分离，蛋黄打散。

❷ 大虾仁和胡萝卜片放入辅食机，加入蛋清、干淀粉，搅打成糊，装入裱花袋备用。

❸ 锅中刷油，挤入虾肉糊（呈圈状），在虾圈中间倒入蛋黄液，撒上黑芝麻，煎至两面金黄。

这样吃长得壮

蛋黄鲜虾小饼荤素搭配，营养均衡。这道辅食富含碳水化合物、蛋白质、脂肪，可为宝宝成长提供充足的能量。

膳食纤维、蛋白质、维生素C、钙

虾仁菠菜粥

准备好：鲜虾3只，菠菜2棵，大米30克

这样做：

❶鲜虾洗净，去头，去壳，去虾线，取虾仁剁成小丁；菠菜洗净，入沸水中焯一下，取出切碎。

❷大米淘洗干净，加水煮成粥，加菠菜碎、虾仁丁，搅拌均匀，煮3分钟即可。

这样吃长得壮

鲜虾肉质细嫩，味道鲜美，含有钙、锌、铁、硒等营养成分。虾仁菠菜粥有利于增强宝宝体质。

碳水化合物、膳食纤维、蛋白质、钙

鱼泥豆腐苋菜粥

准备好：鱼肉、豆腐各1块，苋菜2棵，大米30克

这样做：

❶豆腐洗净切丁；苋菜洗净，用开水焯一下，切碎。

❷鱼肉去刺，放入盘中，入锅隔水蒸熟，压成泥。

❸大米淘洗干净，放入锅中，加水煮成粥。

❹粥中加入鱼肉泥、豆腐丁与苋菜碎，煮熟即可。

这样吃长得壮

苋菜含有钙、钾、镁、铁、维生素C、膳食纤维。豆腐富含优质植物蛋白，与肉类、谷类一起食用，可以提高蛋白质利用率。

蛋黄虾仁豆腐

准备好：

熟鸡蛋黄2个，虾仁30克，胡萝卜半根，豆腐1块，葱花、水淀粉、植物油各适量

这样做：

①熟鸡蛋黄压碎；虾仁洗净，切碎；胡萝卜洗净，去皮切小丁；豆腐洗净，切小方块。

②胡萝卜丁、豆腐块开水下锅，焯水后捞出。

③油锅烧热，倒入蛋黄碎，翻炒出香味，倒入虾仁碎继续翻炒，加胡萝卜丁、豆腐块和适量水，转小火，加盖焖煮5分钟后淋水淀粉，略拌后撒葱花。

这样吃促发育

豆腐富含蛋白质，可以促进宝宝骨骼肌肉发育，还可以增强宝宝的抵抗力。

蛋白质、维生素C、钙、胡萝卜素

番茄牛肉粥

准备好： 番茄1个，牛肉1块，小青菜1棵，大米、姜丝、干淀粉、辅食油各适量

这样做：

①番茄洗净，切块后去皮去籽，放入辅食机，搅打成泥；小青菜洗净，切碎。

②牛肉洗净，切块，放入辅食机，搅打成末后加姜丝、干淀粉和辅食油拌匀。

③锅中刷油，下番茄泥炒熟，保持小火，再放牛肉末炒至变色，加适量水后挑出姜丝，倒入大米，炖20分钟。

④粥中加青菜碎，搅拌均匀，再焖2分钟。

这样吃身体好

番茄牛肉粥中含有丰富的蛋白质、番茄红素、铁、锌，营养均衡，有利于提高宝宝的抵抗力。

碳水化合物、膳食纤维、蛋白质、维生素C

碳水化合物、蛋白质、维生素、胡萝卜素

蔬菜馒头丁

准备好： 馒头1个，鸡蛋1个，去皮胡萝卜4片，西蓝花3朵，自制香菇粉、植物油各适量

这样做：

❶ 馒头切小丁，鸡蛋打散，倒入馒头丁，搅拌均匀。

❷ 胡萝卜片、西蓝花开水入锅，焯水后剁碎。

❸ 油锅烧热，下胡萝卜碎、西蓝花碎翻炒，撒香菇粉调味，倒入馒头丁搅拌均匀，翻炒至熟。

这样吃促发育

西蓝花富含维生素C和多种矿物质，可以增强宝宝免疫力，促进骨骼、大脑发育。

蛋白质、维生素C、钙

豆腐抱蛋

准备好： 老豆腐1块，鸡蛋2个，宝宝番茄酱1袋，干淀粉、葱花、植物油各适量

这样做：

❶ 老豆腐洗净，切方块。

❷ 碗中打入鸡蛋，搅打成蛋液。

❸ 老豆腐块加入蛋液中，摇匀。

❹ 番茄酱倒入碗中，加干淀粉和水后搅拌均匀制成料汁。

❺ 油锅烧热，下葱花爆香，倒入老豆腐块，翻炒几下后倒入料汁，翻炒至熟后撒葱花。

这样吃胃口好

豆腐中钙、蛋白质含量丰富，加入鸡蛋和番茄酱汁，入口酸甜软嫩。

红豆粥

准备好： 大米、红豆各20克

这样做：

①红豆提前浸泡10小时，大米淘洗干净。

②将大米、红豆放入锅中，加入适量水煮至粥稠烂即可。

碳水化合物、蛋白质、B族维生素、钾

这样吃不便秘

红豆营养价值较高，含有碳水化合物、蛋白质、钾、镁、铁、B族维生素等。红豆中还含有较多的膳食纤维，有助于润肠通便。

番茄肉末烂面条

准备好： 宝宝面条30克，番茄1个，鸡蛋1个，猪肉末20克，植物油适量

这样做：

①番茄洗净后用热水烫一下，去皮，切成泥；鸡蛋取蛋黄，打散。

②油锅烧热，炒熟猪肉末。

③锅中加水煮沸后，放入宝宝面条，放入番茄泥，倒入打散的蛋黄，然后加入熟猪肉末，煮熟后出锅即可。

碳水化合物、蛋白质、维生素C、铁

这样吃胃口好

番茄肉末烂面条的主要营养成分有碳水化合物、蛋白质、维生素等。番茄中含有一定的有机酸，有利于调动宝宝的食欲。

黑芝麻蛋卷

准备好：鸡蛋2个，低筋面粉20克，配方奶50毫升，黑芝麻5克，辅食油适量

这样做：

①鸡蛋打散，加入低筋面粉和配方奶，搅拌均匀后撒黑芝麻，拌匀成面糊。

②锅中刷油，倒入面糊，摊成饼状，煎至蛋液表面凝固后盛出，趁热卷起切段。

这样吃长得壮

黑芝麻是天生的"黑色滋补品"，能益智健脑，钙含量也较高，有助于强壮宝宝骨骼。

鳕鱼菠菜丸

准备好：菠菜2棵，鳕鱼肉1块，干淀粉适量

这样做：

①菠菜洗净，去梗留叶，开水下锅，焯水后放入辅食机，加鳕鱼肉搅打成泥。

②鳕鱼菠菜泥放入碗中，加适量干淀粉，搅匀后搓成一个个小丸子。

③锅中加水，水开后下入鳕鱼菠菜丸，丸子漂起时捞出。

这样吃更聪明

鳕鱼属于低脂高蛋白鱼类，刺少肉嫩，适合婴幼儿食用，除了富含优质蛋白，还含有一定的多不饱和脂肪酸，可以促进宝宝大脑发育。

时蔬瘦肉粥

准备好:

胚芽米15克

猪肉1块

西蓝花1朵

胡萝卜半根

鲜香菇1朵

姜片适量

这样做:

❶ 胚芽米洗净,放入电炖锅,加适量水,炖煮成粥。

❷ 猪肉洗净,切块,加适量水和姜片,浸泡20分钟去腥;猪肉块和姜片冷水下锅,煮至熟;猪肉块捞出后放入辅食机,搅打成泥。

❸ 西蓝花洗净;胡萝卜洗净,去皮切片;鲜香菇洗净,去蒂切片。

❹ 西蓝花、胡萝卜片和香菇片开水下锅,焯水至熟后切碎。

❺ 油锅烧热,下猪肉泥,炒香后加香菇碎、胡萝卜碎,翻炒均匀后加入大米粥,放入西蓝花碎,再煮1分钟。

这样吃肠胃好

时蔬瘦肉粥含有蛋白质、胡萝卜素、维生素C、B族维生素等多种营养物质,易消化吸收,还含有丰富的膳食纤维,有利于促进肠道蠕动。

碳水化合物、蛋白质、B族维生素、维生素C、胡萝卜素

时蔬蒸肉

准备好：

猪瘦肉 1 块

胡萝卜半根

山药半根

鸡蛋 1 个

玉米淀粉适量

这样做：

❶ 猪瘦肉洗净，切小块；胡萝卜洗净，去皮切片；山药洗净，去皮切段；打鸡蛋，蛋清、
　蛋黄分离，蛋黄打散。

❷ 猪瘦肉块、胡萝卜片和山药段放入辅食机，加入鸡蛋清和玉米淀粉，搅打成泥。

❸ 肉泥装入蒸碗，冷水上锅，隔水蒸 15 分钟至熟。

❹ 淋上蛋黄液，再蒸 5 分钟，取出晾凉切块。

这样吃长得壮

山药含有丰富的淀粉、钾等，胡萝卜富含钾、胡萝卜素等。猪肉富含蛋白质、铁等。时蔬蒸肉
可以给宝宝提供丰富的营养，补充成长所需能量。

黄瓜松糕

准备好：黄瓜半根，鸡蛋1个，低筋面粉30
克，植物油适量

这样做：

❶黄瓜洗净，切薄片。

❷黄瓜片放入辅食机，打入鸡蛋，加入低
筋面粉，搅打成糊。

❸模具刷油，倒入面糊，盖上盖子，冷水上
锅，隔水蒸15分钟后关火闷2分钟，取
出脱模。

这样吃胃口好

黄瓜含多种维生素和矿物质，是夏天的应季蔬
菜。黄瓜松糕清新的味道可以提升宝宝食欲，
为宝宝补充能量。

碳水化合物、
蛋白质、维生素、
矿物质

红枣山药蒸糕

准备好：山药1根，红枣4颗，鸡蛋1个，
植物油适量

这样做：

❶山药洗净，去皮切段；红枣洗净，用辅食
剪剪取枣肉。

❷山药段和红枣肉放入辅食机，打入鸡蛋，
搅打成糊。

❸模具刷油，铺油纸，倒入红枣山药糊，震
出气泡，冷水上锅，隔水蒸20分钟至熟，
脱模切块。

这样吃身体好

红枣富含维生素C，吃起来甜甜的，很受宝宝
喜爱。红枣与山药搭配做成蒸糕，营养丰富，口
感更好。

碳水化合物、
膳食纤维、蛋白质、
维生素C

南瓜浓汤牛肉面

准备好：

牛肉1块

柠檬2片

南瓜1个

胡萝卜1根

小青菜1棵

宝宝面条1袋

玉米淀粉、辅食油各适量

这样做：

❶ 牛肉洗净，切碎，挤上柠檬汁腌渍去腥；胡萝卜洗净，去皮切碎；南瓜洗净，去皮切块，冷水上锅，蒸20分钟至熟后捣成泥；小青菜洗净，切碎。

❷ 腌好的牛肉中加入辅食油、玉米淀粉，搅拌均匀。

❸ 油锅烧热，下入牛肉碎、胡萝卜碎炒香，加适量水煮开后下捏碎的宝宝面条，略煮后下南瓜泥、青菜碎拌匀，再煮2分钟。

这样吃身体好

南瓜含有一定的碳水化合物，吃起来甜甜的，多数宝宝比较喜欢这个味道。南瓜浓汤牛肉面中含有丰富的蛋白质、胡萝卜素、铁、锌，营养均衡，有利于提高宝宝抵抗力。

碳水化合物、
膳食纤维、蛋白质、
维生素C

小白菜排骨粥

准备好： 胚芽米15克，胡萝卜1根，小白菜叶1片，猪小排2块

这样做：

❶ 胚芽米洗净；胡萝卜洗净，去皮切块；小白菜叶洗净，切碎；猪小排洗净，开水下锅，焯水去浮沫后捞出洗净。

❷ 胚芽米放入电炖锅，加胡萝卜块和猪小排，炖煮至熟烂。

❸ 捞出胡萝卜和猪小排（去骨），放入辅食机，搅打成末。

❹ 猪肉胡萝卜末放回粥中，加小白菜碎，再焖煮2分钟。

这样吃长得壮

排骨营养丰富，不仅有助于促进骨骼生长发育，还有利于预防宝宝缺铁性贫血，对宝宝健康成长有益。

满9月龄(270天)宝宝发育粗略评估

性别	身长/厘米	体重/千克	牙齿/颗	便便/次
男	68.3~77.8	7.7~11.5	4~6	2~3
女	66.8~76.1	7.2~10.8	4~6	2~3

9~10个月
（270~300天）
让宝宝自己抓东西吃

　　宝宝已经尝试过多种食物，并逐步适应了这些食物，接下来可以继续扩大食材选择范围。同时，辅食的质地应该进一步加粗、加厚，可以给宝宝提供带有小颗粒、块状的食物，让宝宝自己抓着吃。

宝宝9~10个月重点补充营养素

· 膳食纤维

膳食纤维是人体的第七大营养素，有清洁肠道的功能，分为可溶性膳食纤维和不可溶性膳食纤维。可溶性膳食纤维就像洗洁精，不可溶性膳食纤维就像洗碗刷，两种膳食纤维缺一不可。

低聚果糖是一种可溶性膳食纤维，可以帮助肠道益生菌生长、繁殖，从而显著刺激结肠益生菌的产生，改善肠道微生态环境，有润肠通便、增强肠道免疫力的作用。研究发现，母乳中含有多种低聚糖，是宝宝肠道益生菌的促进因子，对维持宝宝肠道功能至关重要。

目前，营养学界尚未给出婴幼儿每天膳食纤维的推荐摄入量，不过建议随着宝宝年龄的增长逐步增加，可以用年龄加5~10来估算，如1岁时每天摄入6~11克膳食纤维。在这个阶段，让宝宝逐步摄入蔬菜、水果和全谷类食物很有必要。全谷类食物可以做成全麦面条、燕麦米粉、小米饭等。

常见食物中总低聚果糖的含量（100克可食部分　单位：毫克）

食物名称	总低聚果糖含量	食物名称	总低聚果糖含量
香蕉	140	大麦	170
豌豆，脆	110	小麦	130
胡萝卜	20	花生仁	220
小麦胚芽	420	红苹果	10

食材和性状

· 推荐的辅食食材举例

主食	稠粥、颗粒面、面条、软米饭、面包、馒头等
畜禽肉蛋鱼	猪肉、牛肉、鸡肉、蛋黄、鱼肉、虾肉等
薯类	红薯、土豆、山药等
豆类及豆制品	毛豆、豆腐等
蔬菜	番茄、白萝卜、香菇、青菜等
水果	桃子、香瓜、苹果、火龙果等
植物油	核桃油、亚麻籽油等

· 推荐的辅食性状

主食（以粥为例）

碎末状、半固体食物和
手指食物

蔬菜（以青菜等为例）

碎菜、手指食物

畜禽肉蛋鱼（以牛肉为例）

碎末状或嫩的块状食物

辅食推荐一日总安排

年龄阶段	9~10 个月（270~300 天）	
食物质地	碎末状、嫩的块状食物和手指食物	
辅食餐次	每天 2 次或 3 次，每次合计 3/4 碗	
进食辅食方式	小勺喂、尝试自主进食	
每日辅食种类和数量	奶类	3 次或 4 次	600~700 毫升
	谷薯类	软米饭、面条、馒头、面包等，如 1/2 碗米饭或面条	生重谷类 25~50 克
	畜禽肉鱼类、豆制品	肉、鱼、虾、豆腐等 4~5 勺	40~50 克
	蛋类	蛋黄 1 个或蒸蛋 1 个	1 个蛋黄或 1 个鸡蛋
	蔬菜类	碎菜、小块软菜 1/2 碗	50~100 克
	水果类	水果碎 1/2 碗	50~100 克
	油	富含 α - 亚麻酸的植物油，如核桃油、亚麻籽油等	5~10 克
	水	白开水	少量多次尝试 用吸管杯或杯子喝水
	其他	选择原味食物	不加盐、糖等调味品

辅食添加月计划

1	2	3	4	5
	香菇牛肉粥 奶香玉米烙			黄瓜虾滑面 莲子山药粥

6	7	8	9	10
黄瓜虾滑面 莲子山药粥		白萝卜牛肉粥 山药蒸虾糕 星星小馄饨		香菇肉末烩饭 山药剪刀面

11	12	13	14	15
香菇肉末烩饭 山药剪刀面			彩虹牛肉糙米粉饭 葱香烘蛋	

16	17	18	19	20
	南瓜土豆猪肉烩饭 宝宝月饼			荷包蛋番茄烩饭 虾仁蒸饺

21	22	23	24	25
荷包蛋番茄烩饭 虾仁蒸饺		肉末土豆烩饭 什锦水果粥		咖喱牛肉饭 太阳时蔬蒸蛋

26	27	28	29	30
	咖喱牛肉饭 太阳时蔬蒸蛋		南瓜虾仁烩饭 紫菜虾皮蒸蛋	

需要注意的喂养细节

能不能先吃鱼泥，再吃肉泥

肉类食物可分为白肉和红肉。白肉是指鱼肉、鸡肉、鸭肉等，烹饪前以白色为主；红肉是指猪肉、牛肉、羊肉等，烹饪前以红色为主。其中，鱼肉水分较多，肉质细嫩，且蛋白质含量高。所以，给宝宝添加辅食的时候，可以先吃鱼泥，再吃肉泥，并不是非要先加肉再加鱼。除了鱼肉，鸡肉也是相对比较容易消化的肉类食物，而且便于做成手指食物，训练宝宝自主进食。

宝宝不爱吃水果，可以喝果汁代替吗

不建议用果汁代替水果。虽然果汁口感很好，但宝宝摄入过多果汁容易出现肥胖等问题。为了宝宝的健康，建议2岁以内尽量不喝果汁。9~10个月这个阶段，可以给宝宝尝试小块的水果，天然又健康。

宝宝适量摄入膳食纤维，有利于预防便秘

适当给宝宝吃含有膳食纤维的辅食，有利于促进胃肠蠕动，预防便秘。给宝宝做含膳食纤维多的食材时，要做得细、软、烂，便于宝宝咀嚼，利于吸收。

含膳食纤维的食物：谷薯类，如小米、燕麦、红薯、土豆等；蔬菜类，如木耳、海带、香菇、竹笋、胡萝卜、菠菜、青菜等；水果类，如火龙果、苹果、猕猴桃等。

茄汁土豆球

膳食纤维、维生素C、钾、番茄红素

准备好： 土豆2个，宝宝番茄酱、干淀粉、熟黑芝麻、植物油各适量

这样做：

❶ 土豆洗净，去皮切块，开水上锅，蒸15分钟至熟后压成泥。土豆泥加干淀粉，搅拌均匀后揉成团，再搓成一个个小球，开水下锅，煮熟后捞出过凉水。

❷ 番茄酱加干淀粉和适量水，搅拌均匀制成料汁。

❸ 油锅烧热，下土豆球，倒入料汁，土豆球裹上料汁后大火收汁，撒熟黑芝麻。

这样吃长得壮

土豆富含膳食纤维和钾，有助于宝宝消化和补充能量。番茄酱口感酸甜，能提升宝宝食欲。

三文鱼鲜虾双色肠

蛋白质、维生素、钙、胡萝卜素、DHA

准备好： 三文鱼肉1块，虾仁6个，胡萝卜半根，菠菜1棵，生鸡蛋清1个，干淀粉适量

这样做：

❶ 三文鱼肉洗净，切块；虾仁洗净，挑去虾线；胡萝卜洗净，去皮切块；菠菜洗净。

❷ 三文鱼肉、胡萝卜块和1/3的虾仁放入辅食机，加半个生鸡蛋清和一半干淀粉，搅打成泥，装入裱花袋。剩余食材放入辅食机，搅打成泥，装入裱花袋。

❸ 在香肠模具中挤入两种肉泥，震去气泡后冷水上锅，蒸20分钟后关火闷5分钟。

这样吃更聪明

三文鱼含丰富的DHA，与虾仁、胡萝卜、菠菜搭配做成双色肠，好看好吃有营养。

香菇牛肉粥

准备好：

大米15克

胡萝卜半根

鲜香菇2朵

牛肉1块

小青菜1棵

干淀粉、辅食油各适量

蛋白质、维生素

这样做：

❶胡萝卜洗净，去皮切小丁；鲜香菇洗净，去蒂切小丁；小青菜洗净，切碎。

❷大米、胡萝卜丁和香菇丁放入电炖锅，加足量水，煮粥备用。

❸牛肉洗净，切小丁后加辅食油、干淀粉腌制10分钟。

❹油锅烧热，放入牛肉丁，翻炒至熟。

❺煮好的粥中加入牛肉丁和青菜碎，拌匀后再煮5分钟。

这样吃身体好

香菇牛肉粥中含有丰富的蛋白质、维生素和矿物质，能够帮助宝宝补充身体所需的营养元素，还有助于提高宝宝免疫力。

山药蒸虾糕

准备好： 大虾6只，山药半根，胡萝卜半根，生鸡蛋清半个，自制香菇粉、葱花各适量

这样做：

① 大虾洗净，去壳取虾仁，挑去虾线后剁碎；山药、胡萝卜洗净，去皮后剁碎。

② 虾泥放入碗中，加山药碎、胡萝卜碎、生鸡蛋清和香菇粉，搅拌均匀。

③ 馅料放入盘中，冷水上锅，蒸20分钟，出锅时撒葱花。

这样吃肠胃好

山药属于薯类，含有碳水化合物、钾等，口感细腻易消化。

碳水化合物、膳食纤维、蛋白质、胡萝卜素

香菇肉末烩饭

准备好： 鲜香菇1朵，胡萝卜半根，猪瘦肉1块，小青菜1棵，米饭、植物油各适量

这样做：

① 鲜香菇洗净，去蒂切小丁；胡萝卜洗净，去皮切小丁；小青菜洗净，切碎；猪瘦肉洗净，剁成肉末。

② 油锅烧热，下香菇丁、胡萝卜丁和猪瘦肉末炒软炒散，加适量开水，倒入米饭焖煮；水稍干时，放青菜碎，继续煮至水分收干。

这样吃身体好

香菇肉末烩饭注重荤素搭配，将谷类、肉类、蔬菜搭配在一起，营养丰富。

碳水化合物、蛋白质、维生素、胡萝卜素

碳水化合物、蛋白质、钙

香煎虾片

准备好： 大虾7只，干淀粉、熟白芝麻、植物油各适量

这样做：

❶ 大虾洗净，去壳取虾仁，在虾仁背部划一刀，除去虾线后将虾肉展开。

❷ 虾肉蘸取干淀粉，用擀面杖拍平。

❸ 锅中刷油，下虾肉煎至两面金黄后撒熟白芝麻。

这样吃长得壮

虾是"补钙小能手"，香煎虾片制作简单，味道鲜美，宝宝一○一○，根本停不下来。

碳水化合物、蛋白质、铁、胡萝卜素

胡萝卜牛肉饼

准备好： 牛肉1块，胡萝卜半根，鸡蛋1个，玉米淀粉、植物油各适量

这样做：

❶ 牛肉洗净，切块；胡萝卜洗净，去皮切块。

❷ 牛肉块和胡萝卜块放入辅食机，打入鸡蛋，加入玉米淀粉，搅打成糊。

❸ 锅中刷油，分次放入肉糊，压扁成饼，小火煎至肉饼两面金黄熟透。

这样吃身体好

牛肉含蛋白质、脂肪、钙、磷、铁等营养成分，有助于增强宝宝体质。

黄瓜虾滑面

准备好：

黄瓜半根

胡萝卜半根

大虾3只

宝宝碎碎面1袋

干淀粉、植物油各适量

碳水化合物、
蛋白质、镁、
胡萝卜素

这样做：

❶黄瓜洗净，去皮切碎；胡萝卜洗净，去皮切片，开水下锅，焯水至熟。

❷大虾洗净，去壳取虾仁，挑去虾线。

❸虾仁和胡萝卜片放入辅食机，搅打成泥。

❹虾泥中加入干淀粉，搅拌均匀，装入裱花袋备用。

❺油锅烧热，加入黄瓜碎翻炒。

❻锅中加水，水开后挤入虾滑，下入宝宝碎碎面，煮至熟。

这样吃身体好

虾滑肉质细嫩，味道鲜美，并含有多种人体必需的微量元素，如铁、锌、硒，蛋白质含量也很丰富，搭配黄瓜，营养均衡。

星星小馄饨

准备好：

猪肉1块

胡萝卜半根

西蓝花1朵

生鸡蛋黄1个

馄饨皮、葱花、香菇粉、
辅食油各适量

碳水化合物、
蛋白质、维生素、
铁、锌

这样做：

❶猪肉洗净，切块；胡萝卜洗净，去皮切碎；西蓝花洗净，切碎。

❷猪肉、胡萝卜碎、西蓝花碎和葱花放入辅食机，加生鸡蛋黄，搅打成泥后，加香菇粉、
辅食油，拌匀成馅，装入裱花袋。

❸取一张馄饨皮摊开，刷一层水后挤上3排9份肉馅，盖上另一张馄饨皮，用星星模具
压出一个个小馄饨。

❹锅中加水，水微开后下入小馄饨，馄饨漂起时捞出。

这样吃促发育

星星小馄饨用到荤素多种食材，能为宝宝提供成长所需的多种营养元素。小星星的形状一定会获
得宝宝的"欢心"。

葱香烘蛋

蛋白质、
卵磷脂、DHA

准备好： 鸡蛋2个，配方奶100毫升，低筋面粉60克，肉松10克，葱花、黑芝麻各适量

这样做：

❶碗中打入鸡蛋，加配方奶和低筋面粉，搅拌均匀。

❷蛋糊过筛后加入肉松，撒上葱花和黑芝麻。

❸烤箱上下180℃，烤30分钟。

这样吃促发育

肉松与鸡蛋的搭配，提升了鲜味，让宝宝更爱吃。葱香烘蛋富含蛋白质、钙、卵磷脂等营养物质，有益于宝宝的身体发育。

肉末土豆烩饭

碳水化合物、
蛋白质、维生素、
矿物质、胡萝卜素

准备好： 猪里脊1块，小青菜1棵，土豆1个，胡萝卜半根，米饭、干淀粉、辅食油各适量

这样做：

❶猪里脊洗净，切末后加干淀粉和辅食油，搅拌均匀。

❷土豆、胡萝卜洗净，去皮切丁后入开水锅焯至熟；小青菜洗净，切碎。

❸油锅烧热，下肉末，炒出香味后放入土豆丁、胡萝卜丁继续翻炒。

❹锅中加水，加盖焖煮5分钟后加入米饭和青菜碎，翻炒至汤汁收干。

这样吃身体好

肉末土豆烩饭将肉类和其他多种食材搭配在一起，营养更均衡，有保护视力、提升免疫力的作用。

碳水化合物、膳食纤维、蛋白质、维生素

莲子山药粥

准备好：猪扇骨6块，山药半根，大米20克，去心莲子适量

这样做：

❶猪扇骨洗净，开水下锅，汆水后再次洗净，除去碎骨。

❷大米、莲子洗净；山药洗净，去皮切段。

❸猪扇骨、大米、莲子、山药段放入锅中，加入足量水，炖煮2小时，去骨留肉。

这样吃身体好

莲子山药粥含有碳水化合物、蛋白质、维生素、矿物质等营养物质，可以补充能量，增强免疫力。

碳水化合物、蛋白质、钙、胡萝卜素

裙带菜大虾排

准备好：裙带菜1小包，大虾5只，胡萝卜半根，生鸡蛋清1个，面粉、植物油各适量

这样做：

❶裙带菜用水泡发，洗净撕小片；大虾洗净，去壳取虾仁，挑去虾线后剁成虾泥；胡萝卜洗净，去皮切碎。

❷裙带菜、虾泥、胡萝卜碎放入碗中，加面粉、生鸡蛋清，搅拌均匀。

❸锅中刷油，倒入面糊，小火煎至面饼两面金黄熟透，切块装盘。

这样吃长得壮

裙带菜和虾味道鲜美，搭配胡萝卜、鸡蛋做成大虾排，美味可口，碘、锌、钙同补，宝宝吃了胃口好，长高个。

山药剪刀面

准备好：

山药1根

小青菜1棵

番茄1个

鸡蛋1个

葱花、面粉、植物油各适量

碳水化合物、膳食纤维、蛋白质、维生素C

这样做：

❶山药洗净，去皮切段后冷水上锅，蒸20分钟至熟，出锅后压成泥。

❷山药泥中加面粉，揉成面团。

❸番茄洗净，切小丁；鸡蛋打散。

❹油锅烧热，下葱花爆香，放入番茄丁炒出汁水，加水，水开后用辅食剪将山药面团剪成一个个面疙瘩下入锅中。

❺待面疙瘩熟透后淋鸡蛋液，放入青菜碎，煮1分钟。

这样吃胃口好

用番茄作为汤底，吃起来酸酸甜甜。剪刀面再加鸡蛋和小青菜，口感更丰富。山药剪刀面爽口有嚼劲，可锻炼宝宝咀嚼吞咽的能力。

碳水化合物、蛋白质、维生素C、胡萝卜素

荷包蛋番茄烩饭

准备好： 鸡蛋1个，小青菜1棵，番茄1个，鲜香菇1朵，米饭、植物油各适量

这样做：

❶ 小青菜洗净，切碎；番茄洗净，切小块；鲜香菇洗净，去蒂切丁后开水下锅，焯至熟。

❷ 锅中刷油，打入鸡蛋，煎熟后取出切丁。

❸ 油锅烧热，下番茄块，翻炒出汁水，放入香菇丁继续翻炒，放入鸡蛋丁，加适量开水，水开后放入米饭、青菜碎，搅拌均匀，煮2分钟。

这样吃身体好

荷包蛋番茄烩饭营养丰富，主食搭配蛋、蔬菜，酸甜开胃，既能促进食欲，还能为宝宝补充能量。

碳水化合物、蛋白质、维生素C、钙

茄汁豆腐肉丸

准备好： 猪瘦肉、豆腐各1块，水淀粉、宝宝番茄酱、干淀粉、葱花各适量

这样做：

❶ 猪瘦肉洗净，剁成泥，加豆腐、水淀粉，搅拌均匀，搓成丸子。

❷ 锅中加水，水微开后放入肉丸，煮熟后捞出。

❸ 宝宝番茄酱加干淀粉、水，搅拌均匀，制成酱汁。

❹ 油锅烧热，下肉丸略煎，倒入酱汁，煮沸后大火收汁，撒葱花。

这样吃身体好

猪肉含有铁和优质蛋白，豆腐富含钙，搭配番茄酱，让这道菜变得好吃又营养。

南瓜土豆猪肉烩饭

准备好：

猪肉1块

南瓜1块

生菜1棵

土豆1个

胡萝卜1根

米饭、干淀粉、辅食油各适量

碳水化合物、蛋白质、维生素C、胡萝卜素

这样做：

❶南瓜、胡萝卜、土豆洗净，去皮切丁后冷水上锅，蒸20分钟至熟；生菜洗净，切碎。

❷猪肉洗净，切小块后放入辅食机，搅打成末，猪肉末加干淀粉、辅食油拌匀。

❸油锅烧热，下猪肉末，炒散至变色，加入南瓜丁、胡萝卜丁、土豆丁继续翻炒，加1碗水，水开后放入米饭，翻拌均匀后转小火煮至汤汁黏稠。

❹放入生菜碎，拌炒30秒出锅。

这样吃胃口好

南瓜土豆猪肉烩饭所用食材的种类和营养都很丰富，口感香甜软糯，每一粒米饭都吸满酱汁，让宝宝胃口大开。

碳水化合物、蛋白质、维生素C、铁

番茄土豆牛肉烩饭

准备好： 牛肉1块，土豆1个，胡萝卜半根，番茄1个，洋葱1个，米饭1小碗，干淀粉、辅食油各适量

这样做：

❶ 牛肉洗净，剁碎后加干淀粉、辅食油腌制10分钟；土豆、胡萝卜、番茄洗净，去皮切小丁；洋葱洗净，切小丁。油锅烧热，放入牛肉末翻炒至变色盛出。

❷ 锅中留底油，下洋葱丁、土豆丁、番茄丁、胡萝卜丁，翻炒至食材变软，放入牛肉末，加适量水焖煮10分钟后倒入米饭，拌匀收汁。

这样吃长得壮

番茄土豆牛肉烩饭富含碳水化合物、蛋白质、矿物质以及维生素，助力宝宝健康成长。

碳水化合物、蛋白质、维生素、钙、胡萝卜素

南瓜虾仁烩饭

准备好： 大虾仁3个，南瓜1小块，小青菜1棵，胡萝卜半根，米饭1小碗，葱花、自制香菇粉、植物油各适量

这样做：

❶ 大虾仁洗净，挑去虾线后切丁；小青菜洗净，切碎；南瓜洗净，去皮切小块；胡萝卜洗净，去皮切小丁。

❷ 油锅烧热，下葱花爆香，放入南瓜丁、胡萝卜丁，翻炒至熟；加水没过食材，撒香菇粉，焖煮5分钟，倒入虾仁丁和米饭，拌匀后焖煮2分钟，撒青菜碎，煮1分钟。

这样吃身体好

虾中富含蛋白质和钙，加上南瓜、小青菜和胡萝卜，让这道烩饭香甜可口，营养更丰富。

什锦水果粥

准备好： 苹果 1/4 个，香蕉半根，小番茄 4 个，哈密瓜 1 小块，大米 30 克

这样做：

❶ 大米淘洗干净；苹果洗净，去皮、去核，切丁；香蕉去皮，切丁；哈密瓜洗净，去皮、去瓤，切丁；小番茄冲洗干净，去蒂，切丁。

❷ 大米加水煮成粥，熟时加入小番茄丁、苹果丁、香蕉丁和哈密瓜丁，稍煮即可。

这样吃身体好

什锦水果粥，将多种水果与主食搭配，做出不一样的美味，可口又营养。

碳水化合物、蛋白质、维生素

彩虹牛肉糙米粉饭

准备好： 糙米粉 50 克，牛肉 25 克，紫甘蓝 10 克，南瓜 20 克，四季豆 15 克

这样做：

❶ 牛肉洗净，剁成肉末后煮熟备用。

❷ 所有蔬菜洗净后，分别切碎末。

❸ 紫甘蓝末、南瓜末、四季豆末和牛肉末中分别加入糙米粉。

❹ 将拌匀后的牛肉末置于盘子底部，上部放蔬菜。将盘子放入蒸锅中，大火蒸 20 分钟至熟即可。

这样吃身体好

紫甘蓝含多种维生素；牛肉富含优质蛋白；糙米粉中 B 族维生素、膳食纤维含量较高。谷类、肉类、蔬菜搭配，营养丰富均衡。

碳水化合物、膳食纤维、蛋白质、B 族维生素

碳水化合物、蛋白质、维生素、钙

宝宝月饼

准备好： 山药1根，红薯、紫薯各1个，配方奶粉、橄榄油各适量

这样做：

❶ 山药、红薯、紫薯洗净，去皮切块后上锅蒸熟。

❷ 山药、红薯、紫薯控干水分，各加1勺配方奶粉后压成泥。

❸ 3种薯泥分别搓成一个个小球。

❹ 月饼模具刷油，放入3种薯球，压实后脱模。

这样吃不便秘

薯类含有丰富的碳水化合物，还富含钾、胡萝卜素等营养物质，红薯中的可溶性膳食纤维较丰富，能促进宝宝肠胃蠕动，防止便秘。

碳水化合物、蛋白质、维生素、钙

太阳时蔬蒸蛋

准备好： 鸡蛋1个，西蓝花1朵，胡萝卜半根

这样做：

❶ 西蓝花洗净；胡萝卜洗净，去皮。

❷ 西蓝花、胡萝卜开水下锅，焯水后捞出切碎。

❸ 蒸碗中打入鸡蛋，撒西蓝花碎、胡萝卜碎，用牙签调整造型，蒙上锡纸后在纸上扎几个透气孔，上锅蒸15分钟后取出切块。

这样吃身体好

太阳时蔬蒸蛋橙黄绿的搭配，好看又有营养。既能为宝宝补充维生素，还能帮助宝宝预防便秘，提高免疫力。

咖喱牛肉饭

准备好：

牛肉1块

洋葱1/4个

土豆半个

胡萝卜半根

米饭1小碗

葱姜水、干淀粉、儿童咖喱块、
植物油各适量

碳水化合物、
蛋白质、铁、
胡萝卜素

这样做：

① 牛肉洗净，用葱姜水浸泡去腥后切薄片，再两面蘸取干淀粉，用擀面杖敲打成薄片。

② 洋葱洗净，切小丁；土豆、胡萝卜洗净，去皮切小丁。

③ 锅中加水，水微开时下牛肉片焯水，断生后捞出。

④ 油锅烧热，下洋葱丁爆香，再下土豆丁、胡萝卜丁，翻炒至软，加水没过食材，放入儿童咖
喱块，搅拌化开后，加盖焖煮5分钟。

⑤ 锅中下牛肉片，煮1分钟，盛出浇在米饭上。

这样吃身体好

咖喱牛肉饭荤素搭配，营养丰富、均衡。第一次给宝宝尝试咖喱的味道，如果宝宝不接受，家
长也不要强迫，可以让宝宝慢慢尝试。

白萝卜牛肉粥

准备好：

白萝卜1块

鲜香菇2朵

卷心菜叶1片

牛肉1块

大米15克

葱花、玉米淀粉、辅食油
各适量

碳水化合物、
蛋白质、钙、铁

这样做：

❶白萝卜洗净，去皮切小丁；鲜香菇洗净，去蒂切小丁；大米洗净；卷心菜洗净，切碎。

❷白萝卜丁、香菇丁开水下锅，焯水后捞出。

❸大米、白萝卜丁、香菇丁放入电炖锅，加适量水，炖煮至熟烂。

❹牛肉洗净后切末，加玉米淀粉、辅食油搅拌均匀。

❺油锅烧热，下葱花爆香，放入牛肉末炒出香味，倒入煮好的粥，加入卷心菜碎，搅拌
　均匀后再煮1分钟。

这样吃身体好

白萝卜可为宝宝提供维生素C以及钾、钙等矿物质；牛肉可为宝宝补充较多的蛋白质，两者合
炖成粥，味道鲜美，营养丰富。

奶香玉米烙

准备好：玉米粒1小碗，配方奶20毫升，鸡蛋1个，面粉、黑芝麻、植物油各适量

这样做：

① 玉米粒洗净，开水下锅，焯水。

② 玉米粒放入碗中，倒入配方奶，打入鸡蛋，加入面粉，搅拌均匀。

③ 锅中刷油，倒入玉米糊，撒黑芝麻，小火煎至玉米糊定型，加盖焖3分钟，切块装盘。

这样吃肠胃好

玉米富含膳食纤维及各种微量元素，能促进宝宝肠道蠕动，预防便秘。

膳食纤维、蛋白质、维生素、钙

紫菜虾皮蒸蛋

准备好：鸡蛋1个，番茄1个，紫菜1小片，虾皮1小把，葱花适量

这样做：

① 碗中打入鸡蛋，加入适量水，用打蛋器搅拌均匀后过筛，除去气泡。

② 番茄洗净，切小丁；紫菜泡发后洗净，撕成小片；虾皮洗净。

③ 蛋液中加入番茄丁、紫菜片、虾皮、葱花，搅拌均匀，蒙上保鲜膜后在膜上扎几个透气孔，冷水上锅，蒸10分钟后关火再闷2分钟。

这样吃身体好

虾皮含钙，紫菜含多种矿物质并富含碘，加上番茄与鸡蛋一起蒸，营养全面，口感软嫩，味道鲜美。

蛋白质、维生素、钙、碘

虾仁蒸饺

准备好： 大虾5只，生鸡蛋清半个，胡萝卜半根，鲜玉米粒1小把，馄饨皮、辅食油各适量

这样做：

❶ 大虾洗净，去壳取虾仁，挑去虾线后放入辅食机，加入生鸡蛋清，搅打成泥。

❷ 胡萝卜洗净，去皮切片，和洗净的玉米粒一起焯水后捞出切碎。

❸ 虾泥中加入胡萝卜玉米碎和辅食油，搅拌均匀。

❹ 每张馄饨皮切成4份，抹上虾泥后对角捏紧。

❺ 虾饺冷水上锅，蒸15分钟。

这样吃长得壮

虾仁蒸饺有虾有菜，鲜甜软嫩，既有助于增强宝宝免疫力，还能为宝宝补钙，促进长高。

膳食纤维、蛋白质、钙、胡萝卜素

奶油蘑菇汤

准备好： 鲜玉米粒、豌豆粒各15克，胡萝卜半根，鲜香菇1朵，配方奶150毫升，面粉10克，植物油适量

这样做：

❶ 胡萝卜洗净，去皮切片；鲜香菇洗净，去蒂切块。

❷ 鲜玉米粒、豌豆粒、胡萝卜片和鲜香菇块放入辅食机，打成蔬菜碎。

❸ 碗中加入配方奶、面粉和水，搅拌均匀。

❹ 油锅烧热，下蔬菜碎，炒出香味并变色后倒入奶糊，搅拌均匀，煮至汤汁黏稠。

这样吃胃口好

香菇含有丰富的膳食纤维、香菇多糖等成分，味道比较鲜美，有利于调动宝宝食欲。

碳水化合物、蛋白质、维生素、胡萝卜素

南瓜山药牛肉丸

准备好：南瓜半个，牛肉1块，山药1根，青菜叶1片，干淀粉10克，葱姜水、植物油各适量

这样做：

❶南瓜洗净，去皮切块后上锅蒸熟，取出捣成泥；牛肉洗净，切块后放入葱姜水中浸泡片刻去腥；山药洗净，去皮切段；青菜叶洗净，切碎。

❷牛肉块、山药段放入辅食机，搅打成泥后加入干淀粉，搅拌均匀后装入裱花袋。

❸油锅烧热，下南瓜泥，翻炒几下后加入水，水开后挤入牛肉丸，再加入青菜碎，煮至熟。

蛋白质、维生素铁、胡萝卜素

这样吃促发育

南瓜含有丰富的胡萝卜素，胡萝卜素在体内可以转化成维生素A，能够保护视力。南瓜山药牛肉丸营养全面，可以促进宝宝生长发育。

满10月龄（300天）宝宝发育粗略评估

性别	身长／厘米	体重／千克	牙齿／颗	便便／次
男	69.5～79.1	7.9～11.8	6～8	2～3
女	68.1～77.5	7.4～11.1	6～8	2～3

10~11个月
（300~330天）
让宝宝使用勺子

随着咀嚼能力的提高，宝宝可以开始尝试嚼一嚼馒头、虾仁、碎鸡肉等食物，并继续锻炼自主进食。同时，每一餐都要让宝宝摄入一定热量的主食，从而拥有充足的成长能量。

宝宝10~11个月重点补充营养素

· B 族维生素

B族维生素参与体内消化吸收、肝脏解毒等生理过程，对维持宝宝的正常代谢、细胞分化、能量转化以及生长发育起着重要作用。B族维生素由血液吸收，不能在体内储存，多余的随尿液、汗液排出，不会引起过多的堆积，所以需要不断补充。B族维生素家族成员较多，可细分为8种水溶性维生素。

B族维生素种类与常见富含食物

B族维生素种类	常见生理功能	富含食物举例
维生素B_1（硫胺素）	维持神经与肌肉的正常发育，维持儿童正常的食欲	全麦粉、葵花籽、猪肉
维生素B_2（核黄素）	参与能量代谢，促进铁的吸收，抗氧化	猪肝、蛋黄、牛奶、绿叶蔬菜
维生素B_3（烟酸）	参与氨基酸、DNA的代谢，促进脂肪的合成	肝类、瘦肉、鱼、坚果
维生素B_5（泛酸）	参与脂肪酸的合成与降解，参与氨基酸的氧化降解	肝类、瘦肉、鸡蛋、全谷类、蘑菇、甘蓝
维生素B_6	参与氨基酸、糖原、脂肪酸的代谢	鸡肉、鱼肉、肝类、豆类、坚果、蛋黄
维生素B_7（生物素）	参与脂类、糖、某些氨基酸和能量的代谢	肝类、蛋黄、牛奶、燕麦、菜花、豌豆、菠菜
维生素B_9（叶酸）	促进细胞分裂与儿童生长	菠菜、肝类、黄豆
维生素B_{12}（钴胺素）	参与核酸、蛋白质合成，参与血红蛋白合成	肝类、瘦肉、鸡蛋、蚕豆、菜花、芹菜、莴笋

爸爸妈妈在给宝宝做辅食时无须头疼，只要注意奶类与辅食的合理搭配，尤其是注意添加营养丰富的辅食，宝宝就可以从食物中获取充足的B族维生素。

食材和性状

· **推荐的辅食食材举例**

主食	稠粥、颗粒面、面条、软米饭、面包、馒头等
畜禽肉蛋鱼	猪肉、牛肉、鸡肉、蛋黄、鱼肉、虾肉等
薯类	红薯、土豆、山药等
豆类及豆制品	毛豆、豆腐等
蔬菜	菠菜、南瓜、白萝卜、白菜等
水果	柚子、西梅、蓝莓、葡萄等
植物油	核桃油、亚麻籽油等

· **推荐的辅食性状**

主食（以粥为例）

碎末状、半固体食物和
手指食物

蔬菜（以香菇等为例）

碎菜、手指食物

畜禽肉蛋鱼（以牛肉为例）

碎末状或嫩的块状食物

辅食推荐一日总安排

年龄阶段	10～11 个月（300～330 天）	
食物质地	碎末状、半固体食物和手指食物	
辅食餐次	每天 2 次或 3 次，每次合计 3/4 碗	
进食辅食方式	小勺喂、尝试自主进食	
每日辅食种类和数量	奶类	3 次或 4 次	600~700 毫升
	谷薯类	软米饭、面条、馒头、面包等，如 1/2 碗米饭或面条	生重谷类 50 克
	畜禽肉鱼类、豆制品	肉、鱼、虾、豆腐等 4~6 勺	40~60 克
	蛋类	蛋黄 1 个或蒸蛋 1 个	1 个蛋黄或 1 个鸡蛋
	蔬菜类	碎菜、小块软菜 1/2 碗	50~100 克
	水果类	水果碎 1/2 碗	50~100 克
	油	富含 α-亚麻酸的植物油 如核桃油、亚麻籽油等	5~10 克
	水	白开水	少量多次尝试 用吸管杯或杯子喝水
	其他	选择原味食物	不加盐、糖等调味品

辅食添加月计划

1	2	3
	蛋黄鲜虾面 鸡肉饭团	

4	5
南瓜鸡肉粥 豆腐蔬菜饼 四喜虾丸	

6	7	8	9	10
南瓜鸡肉粥 豆腐蔬菜饼 四喜虾丸		番茄土豆疙瘩汤 菠菜山药卷		蛋黄牛肉粥 玉米虾圈 山药豆沙饼

11	12	13	14	15
蛋黄牛肉粥 玉米虾圈 山药豆沙饼			彩蔬肉烩饭 翡翠白菜饺子	

16	17	18	19	20
	胡萝卜面花 宝宝版茄汁茄盒		鸟巢鸡蛋饼 小米蒸肉丸 番茄虾滑汤	

21	22	23	24	25
鸟巢鸡蛋饼 小米蒸肉丸 番茄虾滑汤		萝卜虾泥馄饨 红枣香蕉蒸糕 鲜虾蔬菜粥		奶香紫薯吐司 山药肉泥蒸蛋羹

26	27	28	29	30
奶香紫薯吐司 山药肉泥蒸蛋羹			双色馒头 什锦鸭羹 秋葵鲜虾蒸蛋	

需要注意的喂养细节

继续母乳喂养，增强宝宝免疫力

核苷酸存在于母乳中，是构成 RNA 和 DNA 的基本物质，是维持细胞正常生理功能不可或缺的物质。临床对比研究显示，用含有核苷酸的奶粉喂养的宝宝对 B 型流感疫苗表现出了更高的抗体免疫水平，而且腹泻的发生率也下降了。为保证宝宝每天能合理地摄取核苷酸，现阶段还需母乳喂养。母乳喂养的次数和时间可以根据宝宝吃辅食的情况适当减少或缩短，但不建议停止喂养。

注意宝宝的饮食安全

宝宝开始品尝越来越多的美食，此时更要注意饮食安全。例如，给宝宝吃鱼，一定要把刺剔干净；排骨煮久了会有骨渣，需要去除骨渣；黏性稍大的食物需要防止宝宝整吞；毛豆、花生等又圆又滑的食物需要碾碎了给宝宝吃；不要在吃饭的时候逗宝宝笑；不要让宝宝拿着筷子、刀叉等餐具到处跑；使用吸管时，不要在饮品里面放颗粒状的东西；烫的食物不要放在宝宝面前，特别是刚做好的热的汤水。要反复地耐心地告诉宝宝，有哪些危险存在，应该怎么做，他们慢慢就会理解，并学会自我保护。

小米蒸肉丸

准备好：

黄小米50克

胡萝卜半根

西蓝花1朵

猪肉1块

生鸡蛋清1个

干淀粉适量

这样做：

❶ 黄小米洗净，加水浸泡2小时后沥干水分；胡萝卜洗净，去皮切碎；西蓝花洗净，切碎；猪肉洗净，切小块。

❷ 猪肉放入辅食机，搅打成泥。

❸ 猪肉泥放入碗中，加胡萝卜碎、西蓝花碎和生鸡蛋清、干淀粉，搅拌均匀后搓成一个个小丸子。

❹ 肉丸在黄小米中一个个滚过。

❺ 小米肉丸放入蒸盘，冷水上锅，隔水蒸30分钟至熟。

这样吃长得壮

黄小米含有胡萝卜素，而且比大米含有更多的钙、钾、镁、铁、B族维生素。将黄小米和蔬菜、猪肉搭配做成肉丸，营养均衡丰富。

碳水化合物、蛋白质、维生素C、胡萝卜素

双色馒头

准备好：

菠菜粉 15 克

中筋面粉 285 克

酵母粉 3 克

小苏打 1 克

这样做：

❶ 取 150 克中筋面粉，倒入 75 毫升温水，加入 1.5 克酵母粉，揉成光滑不粘手的白色面团；取 135 克中筋面粉，倒入 75 毫升温水，加入 1.5 克酵母粉、1 克小苏打和 15 克菠菜粉，揉成光滑不粘手的绿色面团。

❷ 绿、白两色面团包上保鲜膜，发酵至两倍大。

❸ 绿、白两色面团擀成大小相近的长方形厚面皮，白色面皮上刷一层水，放上绿色面皮，然后从中间一分为二，一边绿色朝上卷起，另一边白色朝上卷起。

❹ 两条面卷搓至长度相近的条，切成一个个大小相近的面团，放在 30°C 处醒发 40 分钟至体积变为原来 2 倍大。

❺ 面团开水上锅，中大火蒸 10 分钟，关火后闷 5 分钟。

这样吃胃口好

双色馒头颜色好看，容易吸引宝宝，让宝宝更有食欲。发酵的馒头更容易消化吸收。

维生素、胡萝卜素、铁

南瓜鸡肉粥

准备好： 鸡胸肉1块，胡萝卜半根，南瓜1小块，米饭1小碗，小青菜1棵，干淀粉、姜丝、植物油各适量

这样做：

❶ 鸡胸肉洗净，切小丁后加干淀粉、姜丝腌制去腥；胡萝卜洗净，去皮切小丁；南瓜洗净，去皮瓤后切块；小青菜洗净，切碎。

❷ 油锅烧热，下鸡胸肉丁、胡萝卜丁炒出香味，加南瓜块和没过食材的水，煮至南瓜熟透。

❸ 锅中倒入米饭，搅拌均匀，煮至米饭吸足汤汁后加入青菜碎，煮2分钟。

这样吃长得壮

南瓜含膳食纤维和维生素C，可以促进消化；鸡胸肉含有优质蛋白，有助于增强宝宝体质。

碳水化合物、膳食纤维、蛋白质、维生素C

蛋黄牛肉粥

准备好： 牛肉1块，熟鸡蛋黄1个，胡萝卜半根，西蓝花2朵，大米粥1小碗，葱花、姜丝、干淀粉、辅食油各适量

这样做：

❶ 牛肉洗净，切末后加葱花、姜丝、干淀粉搅拌均匀，腌制10分钟；熟鸡蛋黄压碎；胡萝卜洗净，去皮切碎丁；西蓝花洗净，切碎。

❷ 油锅烧热，下蛋黄碎炒出香味，放入胡萝卜碎、西蓝花碎翻炒几下。

❸ 倒入适量水煮开，加入大米粥和牛肉末，搅拌均匀后再煮2分钟。

这样吃促发育

牛肉含优质蛋白、铁、锌等元素，能为宝宝提供能量；蛋黄中的卵磷脂有助于宝宝大脑发育。

蛋白质、维生素C、铁、锌、卵磷脂

宝宝版茄汁茄盒

准备好：

猪里脊1块

生鸡蛋黄1个

茄子1个

姜片、葱花、玉米淀粉、面粉、宝宝番茄酱、植物油各适量

这样做：

❶猪里脊洗净，剁成末；茄子洗净，切厚片；番茄酱加适量水，调成料汁。

❷猪肉末放入碗中，加入姜片、葱花、玉米淀粉，搅拌均匀，腌制15分钟后挑出姜片。

❸生鸡蛋黄放入碗中，加面粉和适量水，搅拌均匀备用。

❹茄子厚片中间切一刀，不要切断，填入肉馅。

❺油锅烧热，茄盒裹蛋黄液，下茄盒煎至两面金黄，倒入番茄料汁，煮5分钟收汁，撒葱花。

这样吃促发育

茄子是一种低热量、低脂肪的蔬菜，含膳食纤维和多种矿物质等，对宝宝发育有益。

膳食纤维、蛋白质、维生素A、维生素C

红枣香蕉蒸糕

准备好： 红枣8颗，香蕉半根，鸡蛋1个，面粉60克

这样做：

❶红枣洗净，去核切小块；香蕉去皮切厚片。

❷红枣和香蕉放入辅食机，打入鸡蛋，搅打成糊。

❸红枣香蕉糊中加入面粉，搅拌均匀后倒入蒸糕模具，冷水上锅，隔水蒸15分钟。

这样吃身体好

红枣富含维生素，适量吃可以增强宝宝免疫力；香蕉可以补充能量，还能补钾、镁等营养元素。

碳水化合物、蛋白质、维生素C

蛋黄鲜虾面

准备好： 大虾3只，熟鸡蛋黄1个，碎碎面1小袋，鲜柠檬片、鲜玉米粒、豌豆各适量

这样做：

❶玉米粒、豌豆开水入锅，焯水至熟；大虾洗净，去壳取虾仁后挑去虾线，加鲜柠檬片去腥，切小丁；熟鸡蛋黄捣碎。

❷油锅烧热，下蛋黄碎、玉米粒、豌豆翻炒片刻，再倒入水，放入虾仁丁。水开后下入碎碎面，煮至面熟即可。

这样吃更聪明

蛋黄富含脂溶性维生素、卵磷脂以及磷、铁等矿物质，有助于宝宝大脑发育，与含钙、优质蛋白的鲜虾一同煮面，宝宝吃了更聪明、长高个。

碳水化合物、蛋白质、维生素、铁、磷、卵磷脂

碳水化合物、膳食纤维、蛋白质、维生素C

山药豆沙饼

准备好： 山药1根，面粉、豆沙、黑芝麻、植物油各适量

这样做：

① 山药洗净，去皮切块，蒸熟后捣成泥。

② 山药泥加面粉搅拌均匀，揉成几个小面团。

③ 山药面团压平，包入豆沙馅，收口后搓圆。

④ 山药豆沙团压成饼状，在表面划出3条印子。

⑤ 锅中刷油，放入山药豆沙饼，撒上黑芝麻，小火煎至两面金黄。

这样吃肠胃好

山药含碳水化合物、膳食纤维等，包上豆沙做成饼，口感软糯甘甜，是适合宝宝的健康主食。

膳食纤维、蛋白质、维生素、铁

香煎牛排

准备好： 牛肉1块，山药1根，鲜玉米粒、姜片、干淀粉、植物油各适量

这样做：

① 牛肉洗净，切小块后放入水中，加姜片浸泡20分钟去腥；山药洗净，去皮切段。

② 牛肉和山药按3:1的比例放入辅食机，搅打成泥。

③ 牛肉山药泥中加入玉米粒和适量干淀粉，顺时针方向搅打上劲。

④ 牛肉山药泥放入模具，做成肉饼。

⑤ 锅中刷油，放入牛肉饼，小火煎至熟透。

这样吃促发育

牛肉含优质蛋白和人体所需多种维生素、矿物质，可以为宝宝提供成长所需的能量。

翡翠白菜饺子

准备好：

中筋面粉250克

牛肉1块

鲜香菇2个

鸡蛋1个

菠菜汁、葱叶、姜片各适量

这样做：

❶ 面粉均分为2份，一半面粉中加入菠菜汁，一半面粉中加入水，分别搅拌成絮状后揉成面团，盖上保鲜膜，醒30分钟。

❷ 牛肉洗净，切小块；鲜香菇洗净，去蒂切块。

❸ 牛肉块、香菇块、葱叶、姜片放入辅食机，打入鸡蛋，搅打成泥后用筷子逆时针搅拌上劲。

❹ 绿色面团擀成面皮，白色面团揉成面柱，用绿色面皮包住白色面柱，再次揉成面柱。

❺ 面柱切成一个个剂子，擀成饺子皮，放入肉馅，将四角向中央捏紧，掐出褶皱，做成白菜状。

❻ 饺子冷水上锅，水开后蒸20分钟。

这样吃长得壮

牛肉含蛋白质、铁、锌；香菇含钙、磷、镁、B族维生素等。翡翠白菜饺子不仅造型可爱，而且营养丰富均衡，是给宝宝补充能量及补铁补锌的美味辅食。

碳水化合物、蛋白质、维生素C、铁、胡萝卜素

山药肉泥蒸蛋羹

准备好： 山药1根，猪肉1块，鸡蛋1个，葱姜水10毫升，玉米淀粉、枸杞各适量

这样做：

❶ 山药洗净，去皮切段后剁成泥；猪肉洗净，剁成泥。

❷ 山药泥和猪肉泥放入蒸碗中，加入葱姜水、玉米淀粉，搅拌均匀。

❸ 山药猪肉泥整理平整后在中央压出凹陷，打入鸡蛋后冷水上锅蒸15分钟。

❹ 蒸碗中加入适量开水和枸杞，再蒸15分钟。

这样吃身体好

山药味道甘甜，口感绵软，含有B族维生素和多种矿物质等，能够为宝宝补充身体所需的营养。

番茄虾滑汤

准备好： 番茄1个，大虾5只，生鸡蛋清1个，葱姜水、干淀粉、辅食油各适量

这样做：

❶ 番茄洗净，表面划十字刀，加热水浸泡片刻，撕去表皮后剁碎；大虾洗净，去壳取虾仁，挑去虾线。

❷ 虾仁放入辅食机，加入葱姜水、生鸡蛋清、干淀粉搅打成泥，装入裱花袋备用。

❸ 油锅烧热，下番茄炒出汁水，加适量热水，水开后挤入虾滑，煮5分钟。

这样吃身体好

虾滑富含优质蛋白和钙，番茄富含维生素C和番茄红素，能够帮助宝宝增强免疫力。

奶香紫薯吐司

准备好： 面粉450克，酵母粉2克，紫薯泥、紫薯丁各60克，配方奶适量

这样做：

❶ 300克面粉放入碗中，倒入配方奶，加入紫薯泥和1克酵母粉，揉成紫色面团；150克面粉放入碗中，倒入配方奶，加入1克酵母粉，揉成面团后揉进紫薯丁。

❷ 紫色面团擀成厚皮，包住白色面团，揉成长方形面团。面团醒发30分钟后冷水上锅，蒸30分钟，关火后闷5分钟。

这样吃身体好

奶香紫薯吐司味道香甜，而且紫薯中的天然花青素具有抗氧化功能，对宝宝的健康有益。

碳水化合物、蛋白质、维生素C、钙

番茄土豆疙瘩汤

准备好： 土豆1个，番茄半个，小青菜1棵，炒鸡蛋1个，面粉、植物油各适量

这样做：

❶ 土豆洗净，去皮切小丁，开水入锅，焯至熟；番茄洗净，去皮切丁；小青菜洗净，切碎。熟土豆丁放入碗中，加入面粉，搅拌均匀至土豆丁全部裹上面粉；炒鸡蛋切碎。

❷ 油锅烧热，下番茄丁炒出汁水，加水煮开。放入土豆疙瘩，煮至软烂，临出锅时加入炒鸡蛋碎、青菜碎略煮。

这样吃身体好

番茄富含维生素C和番茄红素，有助于增强免疫力；土豆富含淀粉和钾。番茄土豆疙瘩汤，酸酸甜甜，宝宝一吃就爱上。

碳水化合物、膳食纤维、蛋白质、维生素C

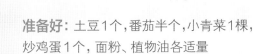

碳水化合物、
蛋白质、
胡萝卜素、钙

萝卜虾泥馄饨

准备好： 馄饨皮15张，去皮白萝卜、胡萝卜各20克，虾仁40克，鸡蛋1个，香油、植物油各适量

这样做：

❶ 白萝卜、胡萝卜、虾仁分别洗净，剁碎；鸡蛋取蛋黄，打成蛋黄液。

❷ 油锅烧热，下虾仁碎煸炒，再放入蛋黄液，划散后盛起晾凉。

❸ 把所有馅料混合，用馄饨皮包成馄饨，煮熟后加香油调味即可。

这样吃长得壮

馄饨皮薄，宝宝容易咀嚼吞咽，馅料荤素搭配，富含碳水化合物、蛋白质、胡萝卜素、钙等，可为宝宝提供丰富的营养物质。

碳水化合物、
蛋白质、钾、
铁、锌

什锦鸭羹

准备好： 鸭肉50克，鲜香菇3朵，土豆30克，植物油、水淀粉各适量

这样做：

❶ 将鸭肉洗净，切丁后焯水；鲜香菇洗净，去蒂切丁；土豆洗净，去皮切丁。

❷ 油锅烧热，放入鸭肉丁、香菇丁、土豆丁略炒，加水煮至熟烂，倒入水淀粉煮沸即可。

这样吃长得壮

什锦鸭羹食材丰富，营养均衡，含有碳水化合物、蛋白质、钾、铁、锌等。

鲜虾蔬菜粥

准备好：

大虾6只

小青菜1棵

胡萝卜半根

鲜香菇2个

宝宝胚芽米20克

鲜玉米粒、葱段、姜片、
姜丝、辅食油各适量

这样做：

❶ 胚芽米洗净，加水浸泡30分钟。

❷ 大虾洗净，去壳取虾仁后挑去虾线，放上姜片腌
制片刻去腥；小青菜洗净，切碎；胡萝卜洗净，
去皮切碎；鲜香菇洗净，去蒂切片；玉米粒洗净。

❸ 油锅烧热，下葱段、姜丝爆香，取出葱姜，倒入胡
萝卜碎、鲜玉米粒和香菇片，翻炒几下后放入胚
芽米和适量水，大火煮开后转中小火炖煮20分
钟，中间搅拌几次，以防粘锅。

❹ 放入虾仁和青菜碎，煮至虾仁熟透。

这样吃更聪明

鲜虾含优质蛋白和钙等，脂肪含量又较低，肉质松软易消化，与蔬菜同煮做粥，味道鲜美，营养丰富，
宝宝吃了身体棒，更聪明。

碳水化合物、
蛋白质、B族维生素、
钙、胡萝卜素

碳水化合物、
膳食纤维、
蛋白质、钙

红薯车轮饼

准备好： 红薯1个,鸡蛋1个,配方奶、面粉、
芝士碎、植物油各适量

这样做：

❶ 红薯洗净,去皮切大块后上锅蒸熟,压
成泥。

❷ 碗中打入鸡蛋,加配方奶、面粉和植物
油,搅拌均匀至无颗粒。

❸ 锅中刷油,下面糊,调整成饼状,撒芝士
碎,抹上红薯泥,煎至两面金黄。

这样吃不便秘

红薯含有多种维生素和膳食纤维,可以刺激肠
道蠕动,促进排便,预防便秘。

碳水化合物、
膳食纤维、蛋白质、
维生素

玉米虾圈

准备好： 大虾6个,鲜玉米粒1小把,西蓝花
2朵,鸡蛋清1个,干淀粉、植物油各适量

这样做：

❶ 大虾洗净,去壳取虾仁,挑去虾线；鲜玉
米粒、西蓝花洗净,开水下锅,焯水。

❷ 虾仁、玉米粒、西蓝花放入辅食机,加鸡
蛋清和1勺干淀粉,搅打成泥后装入裱
花袋备用。

❸ 锅中刷油,挤入虾圈,煎至两面金黄。

这样吃身体好

玉米中含有一种叫玉米黄素的物质,有抗氧化
作用,有助于保护宝宝的视力。

雪梨白萝卜盅

准备好： 白萝卜1根，雪梨1个，银耳、枸杞各适量

这样做：

❶ 白萝卜洗净，去皮切段，每段挖去中间部分，做成萝卜盅；雪梨洗净，去皮切丝；银耳泡发，洗净撕小朵；枸杞洗净。

❷ 每个萝卜盅里放适量枸杞、银耳和雪梨丝。

❸ 萝卜盅冷水上锅，蒸20分钟至熟。

这样吃身体好

白萝卜属于颜色较浅的根茎类蔬菜，含有一定的维生素C、钙、膳食纤维。添加辅食时注意多尝试食材，有利于预防宝宝挑食偏食。

碳水化合物、维生素C、钙

鸡肉饭团

准备好： 鸡胸肉1块，胡萝卜半根，豆腐1块，洋葱末、葱花、香菇粉、海苔片、植物油各适量

这样做：

❶ 鸡胸肉洗净，切丁；胡萝卜洗净，去皮切片；豆腐洗净，切块。

❷ 鸡胸肉丁和胡萝卜片放入辅食机，搅打成泥后加入香菇粉、洋葱末、葱花、豆腐块，用手抓匀，捏成饭团形状，包上海苔片。

❸ 锅中刷油，放入鸡肉饭团，加盖煎至两面金黄。

这样吃长得壮

鸡肉所含蛋白质是优质蛋白，且脂肪含量较低，还含有钙、磷、铁等矿物质，做成鸡肉饭团，好吃又有营养。

蛋白质、维生素、铁、胡萝卜素

四喜虾丸

准备好:

大虾9只

鲜香菇1朵

胡萝卜1根

西蓝花2朵

玉米半根

姜片、干淀粉各适量

这样做:

❶胡萝卜洗净,去皮切片;玉米剥下玉米粒;鲜香菇、西蓝花洗净。

❷胡萝卜片、鲜香菇、西蓝花、玉米粒开水下锅,焯水5分钟。

❸大虾洗净,去壳取虾仁,挑去虾线,放姜片腌制去腥。

❹胡萝卜片、鲜香菇、西蓝花、玉米粒、虾仁分别放入辅食机,搅打成泥。

❺虾泥分成4份,放入4种蔬菜泥中,每种蔬菜泥各加1勺干淀粉,搅拌均匀。

❻将4种虾肉蔬菜泥分别搓成丸子,开水下锅,煮至丸子漂起。

这样吃身体好

四喜虾丸软嫩鲜香,轻轻一捏就碎,非常适合给宝宝尝试。四种蔬菜搭配,色彩丰富,为宝宝补充多种营养素,还能提高宝宝食欲。

蛋白质、维生素C、钙、胡萝卜素

芝士鸡蛋土豆

准备好： 土豆1个，鸡蛋2个，芝士碎适量

这样做：

❶ 土豆洗净，对半切开，每一半挖去中间部分，打入鸡蛋，撒芝士碎。

❷ 烤箱预热180℃，放入芝士鸡蛋土豆，烤45分钟。

碳水化合物、蛋白质、钙、脂肪酸

这样吃长得壮

芝士含有丰富的蛋白质、脂肪、钙等营养成分，具有补充能量、补钙的作用。

秋葵鲜虾蒸蛋

准备好： 秋葵2个，鸡蛋1个，大虾1只，核桃油、熟黑芝麻、无盐虾皮各适量

这样做：

❶ 秋葵洗净，切段；大虾洗净，去壳取虾仁，挑去虾线后剁成泥。

❷ 碗中打入鸡蛋，加适量温开水，搅打均匀后用漏勺滤去浮沫。

❸ 蛋液中加入虾肉泥和秋葵段，蒙上保鲜膜，冷水上锅，蒸10分钟，关火后闷2分钟。

❹ 蒸蛋上淋核桃油，撒熟黑芝麻、虾皮。

蛋白质、维生素A、钙、卵磷脂

这样吃身体好

虾仁是高蛋白质的食物，脂肪含量相对较低；秋葵含有钙、钾、膳食纤维，与虾仁、鸡蛋搭配，是适合宝宝的健康菜品。

菠菜山药卷

准备好：

山药1根

菠菜2棵

低筋面粉60克

鸡蛋1个

这样做：

❶山药洗净，去皮切段后上锅蒸熟，取出压成泥；菠菜洗净，开水下锅，焯水。

❷菠菜放入辅食机，加适量水，打细后用漏勺过滤出菠菜汁。

❸菠菜汁中加入低筋面粉，打入鸡蛋，搅拌至无颗粒。

❹不粘锅开小火，倒入面糊，面糊凝固后翻面再烙一会儿。

❺面饼上放山药泥，抹平后卷起切段。

这样吃视力好

菠菜含有丰富的膳食纤维、胡萝卜素和维生素C，可以预防便秘，保护视力，搭配山药做成山药卷，美味又营养，不爱吃蔬菜的宝宝也会喜欢。

碳水化合物、膳食纤维、蛋白质、维生素C

无蛋版牛肉饼

准备好： 牛肉1块，土豆半个，洋葱、玉米淀粉、熟玉米粒、植物油各适量

这样做：

❶ 牛肉洗净，切块；土豆洗净，去皮切块；洋葱洗净，切块。牛肉块、土豆块、洋葱块放入辅食机，搅打成泥后加熟玉米粒和玉米淀粉，搅拌均匀。

❷ 将牛肉糊制成肉饼。锅中刷油，下牛肉饼，煎至肉饼两面金黄熟透。

这样吃不贫血

牛肉含优质蛋白，还是补铁的好帮手。加了土豆和洋葱，口感又香又糯，更便于宝宝咀嚼。

碳水化合物、蛋白质、维生素C、铁

彩蔬肉烩饭

准备好： 猪肉1块，胡萝卜半根，鲜香菇2朵，米饭1小碗，葱花、干淀粉、宝宝番茄酱、核桃油各适量

这样做：

❶ 猪肉洗净，切小丁；胡萝卜洗净，去皮切碎；鲜香菇洗净，去蒂切碎。

❷ 猪肉放入碗中，加核桃油、干淀粉搅拌均匀，腌制10分钟。

❸ 油锅烧热，下猪肉丁炒至变色，再放入胡萝卜碎、香菇碎、葱花，翻炒几下后加入1勺番茄酱，翻炒片刻后加入水。

❹ 水开后倒入米饭，搅拌均匀，煮至汤汁变稠。

这样吃促发育

猪肉富含优质蛋白，有助于宝宝肌肉发育；胡萝卜富含维生素C和胡萝卜素，有助于增强宝宝免疫力，并促进宝宝视力发育。

碳水化合物、蛋白质、维生素C、胡萝卜素

碳水化合物、
蛋白质、钾、
胡萝卜素、卵磷脂

鸟巢鸡蛋饼

准备好： 卷心菜半个，胡萝卜1根，鸡蛋、面粉、植物油各适量

这样做：

❶ 卷心菜洗净，切丝；胡萝卜洗净，去皮刨成丝。

❷ 卷心菜丝、胡萝卜丝中打入一个鸡蛋，加入适量面粉，搅拌均匀。

❸ 锅中刷油，下入几份面糊，面糊中央挖出小坑，分别放上鸡蛋黄，定型后翻面，煎至两面金黄。

这样吃肠胃好

卷心菜含有丰富的膳食纤维和维生素C，能帮助宝宝消化，与鸡蛋搭配，营养互补又利于吸收。

蛋白质、
维生素C、钙、
胡萝卜素

豆腐蔬菜饼

准备好： 豆腐1块，胡萝卜半根，西蓝花2朵，鸡蛋1个，无盐虾皮、面粉、植物油各适量

这样做：

❶ 胡萝卜洗净，去皮切碎；西蓝花洗净，切碎。

❷ 豆腐洗净，切小块后捣碎，加入胡萝卜碎、西蓝花碎、虾皮、鸡蛋和面粉，搅拌均匀成豆腐蔬菜糊。

❸ 锅中刷油，下豆腐蔬菜糊，调整成饼状，煎至两面金黄。

这样吃长得壮

豆腐细嫩易消化，含蛋白质、钾、钙等营养成分，对宝宝牙齿、骨骼生长发育有益。

胡萝卜面花

准备好： 胡萝卜1根，面粉、酵母粉、小苏打、植物油各适量

这样做：

❶ 胡萝卜洗净，去皮切块后上锅蒸熟，捣成泥。

❷ 面粉放入盆中，加适量酵母粉，倒入胡萝卜泥，搅拌均匀，揉成面团，醒发至2倍大。

❸ 加少量小苏打和水，再次揉面。

❹ 将面团搓成条状后切出一个个剂子。

❺ 剂子搓成长条，擀扁，刷上植物油后以长侧对折，用小刀在面皮交叠的一侧切花刀，然后卷起，掰出花朵模样。

❻ 面花冷水上锅，蒸30分钟。

碳水化合物、维生素C、矿物质、胡萝卜素

这样吃促发育

胡萝卜面花富含碳水化合物，可以给宝宝补充能量。胡萝卜含有丰富的胡萝卜素，有保护视力、促进生长发育、增强抵抗力等作用。胡萝卜面花可以作为手指食物，让宝宝练习自主进食。

满11月龄(330天)宝宝发育粗略评估

性别	身长／厘米	体重／千克	牙齿／颗	便便／次
男	70.7～80.4	8.1～12	8～10	1～2
女	69.2～78.8	7.6～11.4	8～10	1～2

11~12个月
（330~360天）
让宝宝自己吃饭

此时，有的宝宝已经学会走路啦，有的宝宝正在扶着物体学走路，体力大量消耗。这一阶段的喂养原则是营养全面，保证宝宝生长需要。辅食可以逐渐添加小块状的固体食物，不过宝宝咀嚼能力有限，食物还是应尽量做得软烂些。

宝宝11~12个月重点补充营养素

· 维生素 A

维生素A又称视黄醇，是宝宝比较容易缺乏的维生素，具有维持正常视觉和上皮细胞正常生长与分化的作用。维生素A与骨骼的发育、免疫功能的成熟密切相关，还能促进机体对铁的吸收和利用。

婴幼儿是维生素A缺乏的高危人群，爸爸妈妈应引起重视。不同年龄段的宝宝对维生素A的需求量不同，对于6月龄以内的宝宝，推荐每天摄入300微克，可耐受最高摄入量为600微克；对于7~12月龄的宝宝，推荐每天摄入350微克，可耐受最高摄入量为600微克。

维生素A可通过2种食物获得，一种是本身就富含维生素A的食物，另一种是富含胡萝卜素的食物。合理搭配辅食，宝宝就可以通过食物获得充足的维生素A。

为预防维生素A的缺乏，宝宝需要注意奶类、蛋类、肉类的摄入，每周可以安排1次或2次肝类，如猪肝、鸡肝、鸭肝。另外，要注意给宝宝安排蔬果，如胡萝卜、菠菜、南瓜、白菜、番茄、橘子、橙子等富含胡萝卜素的食物。

维生素A属于脂溶性维生素，爸爸妈妈给宝宝用胡萝卜、番茄等富含胡萝卜素的食材做辅食时，建议和肉类一起做成复合辅食，或加辅食油，促进宝宝身体对维生素A的吸收。

食材和性状

· 推荐的辅食食材举例

主食	颗粒面、面条、软米饭、面包、馒头等
畜禽肉蛋鱼	猪肉、牛肉、鸡肉、蛋黄、鱼肉、虾肉等
薯类	山药、红薯、土豆等
豆类及豆制品	毛豆、豆腐等
蔬菜	丝瓜、茄子、番茄、西葫芦等
水果	西瓜、葡萄、杧果、苹果等
植物油	核桃油、亚麻籽油等

· 推荐的辅食性状

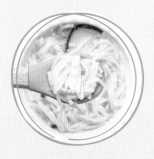

主食（以面条为例）

碎末状、半固体食物和
手指食物

蔬菜（以豇豆为例）

碎菜和手指食物

畜禽肉蛋鱼（以猪肉为例）

碎末状或嫩的块状食物

辅食推荐一日总安排

年龄阶段	11~12 个月（330~360 天）	
食物质地	碎末状、碎块状食物和手指食物	
辅食餐次	每天 2 次或 3 次，每次合计 3/4 碗	
进食辅食方式	小勺喂、尝试自主进食	
每日辅食种类和数量	奶类	2 次或 3 次	500~600 毫升
	谷薯类	软米饭、面条、馒头、面包等，如 1/2 碗米饭或面条	生重谷类 50~75 克
	畜禽肉鱼类、豆制品	肉、鱼、虾、豆腐等 5~6 勺	50~60 克
	蛋类	蛋黄 1 个或蒸蛋 1 个	1 个蛋黄或 1 个鸡蛋
	蔬菜类	碎菜、小块软菜 1/2 碗	50~100 克
	水果类	水果碎 1/2 碗	50~100 克
	油	富含 α-亚麻酸的植物油 如核桃油、亚麻籽油等	5~10 克
	水	白开水	少量多次尝试 用吸管杯或杯子喝水
	其他	选择原味食物	不加盐、糖等调味品

辅食添加月计划

1	2	3
	番茄南瓜坨坨汤 西葫芦蛋饼 瘦肉打卤面	

4	5
	彩色糖果饺 茄汁豆腐 豆角焖饭

6	7	8	9	10
彩色糖果饺 茄汁豆腐 豆角焖饭		虾仁咖喱饭 香菇鸡丝面		鲜虾鸡蛋卷 海苔炒饭 南瓜牛肉意面

11	12	13	14	15
	鲜虾鸡蛋卷 海苔炒饭 南瓜牛肉意面		海苔蛋包饭 豆芽菜肉排 牛肉炒蝴蝶面	

16	17	18	19	20
	蔬菜盒子 茄汁鳕鱼 蔬菜炒面		蔬菜鸡蛋饼 胡萝卜鸡肉肠 杂蔬鲜虾焖饭	

21	22	23	24	25
蔬菜鸡蛋饼 胡萝卜鸡肉肠 杂蔬鲜虾焖饭		蔬菜薄皮包 时蔬鳕鱼肠 鸡肉时蔬炒饭		蔬菜面条小饼 清蒸鲈鱼 番茄厚蛋烧

26	27	28	29	30
蔬菜面条小饼 清蒸鲈鱼 番茄厚蛋烧			煎饼果子 猪肉小方抱蛋 香菇蒸肉饼	

需要注意的喂养细节

⏱ 宝宝不肯吃辅食，母乳不够，该怎么办

一方面鼓励宝宝摄入辅食，培养宝宝自己吃辅食的能力；另一方面，如果母乳确实很少，可以尝试添加配方奶。宝宝1岁以后，除了母乳和配方奶，还可以直接尝试纯奶。

⏱ 宝宝什么时候可以吃盐

一般来说，宝宝1岁以后可以开始尝试家庭食物，这个时候会额外吃盐。1~2岁期间，宝宝每天摄入的盐最好不超过1.5克，总量相当于3个黄豆粒大小。

⏱ 让宝宝和大人一起吃饭

爸爸妈妈尽量将宝宝的辅食与家人的一日三餐安排在一起，让宝宝和家人一起吃饭，养成按时吃饭和固定地点吃饭的习惯。让宝宝和家人一起吃饭，还有助于宝宝模仿大人吃饭的样子，锻炼自主进食及咀嚼能力。这时如果宝宝会对大人的食物产生兴趣，妈妈不要因为心软而喂给宝宝，对于宝宝来说，大人的饭菜又硬又咸，更不要把饭咀嚼后喂给宝宝，这样会将大人口中的细菌带进宝宝体内，从而引起各种疾病。

宝宝1岁以后可以尝试少量加盐的辅食，但要尽量避免食用加工食品。

胡萝卜鸡肉肠

准备好：鸡胸肉1块，胡萝卜半根，生鸡蛋清1个，玉米淀粉、香菇粉、植物油各适量

这样做：

❶ 鸡胸肉洗净，切小块；胡萝卜洗净，去皮切片。鸡胸肉块和胡萝卜片放入辅食机，加入生鸡蛋清，搅打成泥。

❷ 鸡肉胡萝卜泥中加入适量香菇粉和玉米淀粉，搅拌均匀，装入裱花袋备用。

❸ 香肠模具刷油，挤入鸡肉胡萝卜泥，盖上盖子，开水上锅蒸25分钟，关火后闷3分钟。

这样吃视力好

胡萝卜含有胡萝卜素，能在体内转化成维生素A，有护眼明目的作用。

蛋白质、维生素、胡萝卜素

瘦肉打卤面

准备好：猪肉末1小碗，宝宝碎碎面1袋，小青菜1棵，胡萝卜半根，干淀粉、水淀粉、植物油各适量

这样做：

❶ 猪肉末中加入干淀粉，搅拌均匀；小青菜洗净，切碎；胡萝卜洗净，去皮切碎。

❷ 锅中放水烧开，下入碎碎面，面熟捞出。

❸ 油锅烧热，放入猪肉末，搅散炒至变色，放入胡萝卜碎，翻炒几下后加适量水，水开后放青菜碎，菜熟后加入水淀粉，煮至卤稠。将瘦肉卤浇在煮好的面条上。

这样吃身体好

猪肉搭配小青菜和胡萝卜做成的打卤面，有助于改善贫血、增强免疫力。

碳水化合物、膳食纤维、蛋白质、胡萝卜素

膳食纤维、
蛋白质、维生素、
胡萝卜素

豆芽菜肉排

准备好： 绿豆芽1把，胡萝卜半根，猪瘦肉末1碗，干淀粉、植物油各适量

这样做：

❶绿豆芽去根，洗净；胡萝卜洗净，去皮切丝。

❷绿豆芽、胡萝卜丝开水下锅，焯水后捞出，挤去水分，切碎。

❸猪瘦肉末中倒入绿豆芽碎和胡萝卜碎，加1勺干淀粉后搅拌均匀。

❹锅中刷油，放入豆芽肉馅，用勺子压成饼状，中小火煎至两面金黄。

这样吃不便秘

绿豆芽质地脆嫩、可口多汁，还含有丰富的膳食纤维，可加速肠胃蠕动，促进宝宝排便。

蛋白质、
维生素C、DHA

茄汁鳕鱼

准备好： 鳕鱼肉3块，宝宝番茄酱1袋，葱花、柠檬、熟白芝麻、干淀粉、植物油各适量

这样做：

❶鳕鱼肉洗净，放柠檬片腌制片刻去腥，裹上干淀粉备用。

❷番茄酱中加干淀粉、水，搅拌均匀，调成酱汁。

❸油锅烧热，下鳕鱼块，煎至两面金黄。

❹锅中倒入酱汁，煮开后大火收汁，撒葱花和熟白芝麻。

这样吃更聪明

鳕鱼属于低脂高蛋白食材，所含脂肪酸主要为不饱和脂肪酸，如DHA，可促进宝宝的大脑发育。

牛肉炒蝴蝶面

准备好： 牛肉1块，洋葱1/4个，胡萝卜1段，西蓝花2朵，宝宝蝴蝶面、姜丝、干淀粉、植物油各适量

这样做：

❶ 牛肉洗净，切丁，加姜丝、干淀粉、植物油拌匀；洋葱洗净，切丁；胡萝卜洗净，去皮切丁，开水焯熟；西蓝花洗净，开水焯熟，切碎。

❷ 锅中加水，水开后放入蝴蝶面，面熟后捞出过凉水备用。油锅烧热，下洋葱丁爆香，加入牛肉丁，炒至变色，盛出备用。

❸ 锅中留底油，放入胡萝卜丁，翻炒几下后放入蝴蝶面，略炒后倒入洋葱丁、牛肉丁和西蓝花，炒至食材变软熟透。

这样吃身体好

蝴蝶面搭配牛肉、洋葱、胡萝卜等做成炒面，健康美味又营养，丰富的颜色，宝宝一定会喜欢。

碳水化合物、蛋白质、维生素C、胡萝卜素

虾仁咖喱饭

准备好： 大虾仁5个，土豆1个，胡萝卜半根，西蓝花2朵，宝宝咖喱1块，米饭、植物油各适量

这样做：

❶ 虾仁洗净，去虾线后切丁；土豆、胡萝卜洗净，去皮切丁；西蓝花洗净，切小块后开水下锅，焯水至熟。

❷ 油锅烧热，放入虾仁炒至变色。放入土豆丁、胡萝卜丁，炒香。

❸ 锅中加水，放入咖喱，慢慢搅散。汤汁变稠后放入西蓝花，略煮后将汤汁浇在米饭上。

这样吃身体好

虾仁咖喱饭由多种食材搭配而成，可以为宝宝提供所需营养及热量，而且颜色丰富，能提升宝宝的食欲。

碳水化合物、蛋白质、维生素C、硒、胡萝卜素

碳水化合物、膳食纤维、蛋白质、胡萝卜素

香菇鸡丝面

准备好： 熟鸡胸肉1块，胡萝卜1段，鲜香菇1朵，宝宝面条1袋，葱花适量

这样做：

❶熟鸡胸肉撕成丝；胡萝卜洗净，去皮切碎；鲜香菇洗净，切片。

❷锅中加水，水开后下入鸡肉丝和鲜香菇片，略煮后放入宝宝面条、胡萝卜碎。

❸面条煮熟后盛入碗中，撒上葱花。

这样吃长得壮

鸡胸肉蛋白质含量较高，容易被人体吸收利用。鸡胸肉与胡萝卜、香菇搭配，营养又美味。

碳水化合物、膳食纤维、蛋白质、维生素、矿物质

豆角焖饭

准备好： 豇豆3根，猪里脊肉1块，米饭、葱花、姜丝、香菇粉、水淀粉、植物油各适量

这样做：

❶豇豆洗净，切小丁后开水下锅，焯水至熟；猪里脊肉洗净，切丁后加香菇粉、植物油、姜丝搅拌均匀，腌制15分钟去腥。

❷油锅烧热，下葱花爆香，放入猪里脊丁炒至变色。

❸锅中放入豇豆丁、水淀粉，倒入米饭，搅散后煮至饭粒吸饱汤汁。

这样吃促发育

豇豆含膳食纤维、多种维生素和植物蛋白，与猪里脊肉搭配做成焖饭，可以提高宝宝免疫力，促进发育。

南瓜牛肉意面

准备好：

牛肉1块

南瓜1小块

胡萝卜半根

土豆半个

鲜香菇2朵

生菜叶1片

宝宝造型意大利面1袋

葱花、葱姜水、玉米淀粉、
辅食油各适量

碳水化合物、
蛋白质、维生素C、
胡萝卜素

这样做：

❶牛肉洗净，剁成泥，加入葱姜水、玉米淀粉、辅食油，搅拌均匀，腌制15分钟。

❷南瓜、土豆、胡萝卜洗净，去皮切丁；鲜香菇洗净，去蒂切丁；生菜叶洗净，切碎。

❸锅中加水，水开后放入意面，面熟后捞出过凉水，沥干水分后备用。

❹油锅烧热，下葱花爆香，放入牛肉末炒散，加入南瓜丁、土豆丁、胡萝卜丁、香菇丁，炒出香味后加入水，煮至食材熟透。

❺锅中放入生菜碎，待菜熟后浇在意大利面上，吃时拌匀。

这样吃身体好

南瓜牛肉意面食材丰富，含碳水化合物、蛋白质、膳食纤维、维生素、矿物质和植物化合物等营养素，营养均衡。

时蔬鳕鱼肠

准备好：

鳕鱼肉1块

大虾5只

胡萝卜半根

西蓝花2朵

生鸡蛋清1个

干淀粉、柠檬片、

植物油各适量

蛋白质、维生素C、胡萝卜素、DHA

这样做：

❶鳕鱼肉洗净；大虾洗净，去壳取虾仁后挑去虾线；胡萝卜洗净，去皮切片；西蓝花撕
小朵，洗净。

❷鳕鱼肉和大虾上放柠檬片，腌制30分钟去腥。

❸胡萝卜片、西蓝花开水下锅，焯水至熟后捞出切碎。

❹鳕鱼肉、大虾切丁后放入辅食机，加入生鸡蛋清、干淀粉，搅打成泥。

❺鳕鱼虾肉泥中加入胡萝卜碎、西蓝花碎，搅拌均匀后装入裱花袋。

❻锡纸上刷油，挤上鳕鱼虾肉泥，卷起锡纸，两头拧紧如糖果状，开水上锅，中火蒸
15分钟。

这样吃更聪明

鳕鱼中含有一定的EPA和DHA，DHA有促进脑部发育的作用，有助于提高宝宝的记忆力。

西葫芦蛋饼

准备好：西葫芦1根，鸡蛋1个，胡萝卜碎、虾皮、葱花、植物油各适量

这样做：

❶ 西葫芦洗净，切厚片，开水下锅，煮熟捞出后挖去瓤，瓤留用。

❷ 西葫芦瓤放入碗中，打入鸡蛋，加入胡萝卜碎、虾皮搅拌均匀。

❸ 锅中刷油，放入西葫芦圈，圈中倒入鸡蛋糊，定型后翻面，煎至两面金黄。

这样吃身体好

西葫芦含人体所需的多种维生素、膳食纤维、矿物质等营养成分，搭配鸡蛋和虾皮，适量吃有助于提高宝宝免疫力。

蛋白质、维生素、钙、胡萝卜素

香菇蒸肉饼

准备好：鲜香菇2朵，猪瘦肉1块，葱花、干淀粉、虾皮粉各适量

这样做：

❶ 鲜香菇洗净，开水下锅，焯水后去蒂切碎；猪瘦肉洗净，剁成泥。

❷ 猪肉泥中加入香菇碎、干淀粉、虾皮粉，搅拌均匀。

❸ 将猪肉香菇泥铺在菜盘上，开水上锅，中大火蒸15分钟，出锅时撒葱花。

这样吃促发育

香菇蒸肉饼营养丰富，味道鲜美，适量吃对宝宝生长发育很有益处。

膳食纤维、蛋白质、维生素、矿物质

蔬菜盒子

准备好： 胡萝卜1根，西葫芦1个，鸡蛋1个，馄饨皮、无盐虾皮、葱花、植物油各适量

这样做：

❶ 胡萝卜、西葫芦洗净，去皮擦丝；鸡蛋打散，炒熟备用。

❷ 油锅烧热，下葱花爆香，放入胡萝卜丝、西葫芦丝，炒至断生后放入鸡蛋碎和无盐虾皮，翻炒均匀，盛出备用。

❸ 馄饨皮四边抹水，放上蔬菜馅，包成一个个"菜盒"。

❹ 锅中刷油，放入菜盒，小火煎至两面金黄。

这样吃促发育

这道蔬菜盒子含有维生素、胡萝卜素，还能补充蛋白质和钙，营养丰富，有助于宝宝身体发育。

碳水化合物、膳食纤维、蛋白质、维生素

杂蔬鲜虾焖饭

准备好： 大虾4只，胡萝卜丁、豌豆、大米、鲜玉米粒、葱花、葱丝、姜丝、植物油、熟黑芝麻各适量

这样做：

❶ 大虾洗净，去壳挑去虾线后切丁；大米洗净。

❷ 油锅烧热，下葱丝、姜丝爆香，放入虾肉丁、玉米粒、胡萝卜丁，翻炒至软。

❸ 将所有食材装入电炖锅，加适量水，焖煮至饭熟，撒葱花、熟黑芝麻。

这样吃长得壮

鲜虾富含优质蛋白和钙，胡萝卜、玉米含膳食纤维及各种维生素和矿物质，这些食材搭配做成焖饭，补钙又开胃。

膳食纤维、蛋白质、维生素C、钙、胡萝卜素

海苔炒饭

准备好: 米饭1小碗,鸡蛋1个,胡萝卜丁、火腿肠丁、青菜碎、海苔碎、植物油各适量

这样做:

❶鸡蛋打散备用。

❷油锅烧热,倒入鸡蛋液,炒至蛋熟后盛出备用。

❸锅中留底油,放入火腿肠丁、胡萝卜丁、青菜碎,翻炒均匀后倒入米饭,炒散。

❹锅中加入炒熟的鸡蛋,撒海苔碎,翻炒均匀。

这样吃身体好

海苔富含碘、硒、铁等营养素,脂肪含量低,和米饭同食,营养更加全面。海苔炒饭里火腿肠丁也可以换成猪肉丁或者牛肉丁等。

碳水化合物、膳食纤维、蛋白质、维生素、矿物质

海苔蛋包饭

准备好: 米饭1碗,黄瓜、胡萝卜各1段,鸡蛋1个,熟玉米粒、宝宝番茄酱、海苔碎、植物油各适量

这样做:

❶黄瓜、胡萝卜洗净,去皮切小丁;鸡蛋打散。

❷米饭中加入胡萝卜丁、黄瓜丁、熟玉米粒、海苔碎,抓拌均匀,搓成一个个饭团。

❸锅中刷油,淋鸡蛋液,蛋液未全部凝固时放上饭团,卷起蛋皮,包住饭团。

❹在鸡蛋饭团上挤上番茄酱。

这样吃促发育

海苔蛋包饭酸酸甜甜,含有碳水化合物、胡萝卜素、维生素C以及钾、磷、镁、锌等矿物质,这些营养素对宝宝生长发育有益。

碳水化合物、膳食纤维、蛋白质、维生素、矿物质

蔬菜薄皮包

准备好:

卷心菜1/4个

胡萝卜1根

鸡蛋2个

馄饨皮、植物油各适量

碳水化合物、膳食纤维、蛋白质、维生素

这样做:

❶卷心菜洗净,切丝;胡萝卜洗净,去皮擦丝;鸡蛋打散。

❷油锅烧热,下卷心菜丝、胡萝卜丝,翻炒至软后盛出。

❸锅中留底油,倒入鸡蛋液,炒熟。

❹卷心菜丝、胡萝卜丝中加入炒鸡蛋,搅拌均匀做馅。

❺馄饨皮用擀面杖擀薄一些,四边抹水,放上蔬菜鸡蛋馅,包成包子。

❻包子开水上锅,蒸8分钟。

这样吃长得壮

蔬菜薄皮包味道鲜甜,卷心菜、胡萝卜、鸡蛋的搭配,营养又美味,宝宝很爱吃。

茄汁豆腐

准备好： 豆腐1块，鸡蛋1个，宝宝番茄酱、干淀粉、葱花、植物油各适量

这样做：

❶ 豆腐洗净，切小块后装入碗中；鸡蛋打散。

❷ 豆腐碗中倒入蛋液，搅拌均匀。

❸ 番茄酱中加入干淀粉、水，搅拌均匀成酱汁。

❹ 油锅烧热，倒入豆腐鸡蛋，翻炒几下后加入酱汁，煮开后大火收汁，出锅前撒葱花。

这样吃促发育

豆腐中含有丰富的蛋白质、钙、磷、铁等，易消化吸收，对牙齿、骨骼的生长发育有益。

蛋白质、维生素C、钙、卵磷脂

番茄南瓜坨坨汤

准备好： 南瓜1块，番茄1个，面粉30克，葱花、植物油各适量

这样做：

❶ 南瓜洗净，去皮切块，冷水下锅，煮熟后捞出；番茄洗净，表面划十字刀，放入开水中略烫后剥皮切块。

❷ 南瓜块中加入面粉，搅拌均匀后揉成泥。

❸ 油锅烧热，下番茄块，翻炒出汁水后加适量水，水开后挤入南瓜面坨。

❹ 煮熟食材，出锅前撒葱花。

这样吃胃口好

南瓜和番茄富含维生素，热量较低，做成坨坨汤，酸甜可口，饱腹感强，能够帮宝宝补充能量。

碳水化合物、蛋白质、维生素

猪肉小方抱蛋

准备好:

山药半根

鸡蛋2个

猪肉1块

干淀粉、熟黑芝麻、
植物油各适量

膳食纤维、
蛋白质、维生素

这样做:

①山药洗净,去皮切块;猪肉洗净,切块;打1个鸡蛋,分离蛋清和蛋黄。

②猪肉块和山药块、鸡蛋清放入辅食机,加入干淀粉,搅打成泥后装入裱花袋。

③打1个鸡蛋,加入之前剩余的蛋黄,搅打均匀。

④锅中刷油,挤入山药猪肉泥,煎至两面金黄后倒入蛋液,在蛋液未凝固前撒熟黑
芝麻。

⑤小火煎至鸡蛋两面金黄熟透,盛盘切块。

这样吃促发育

猪肉加上山药,猪肉补铁,山药补碳水,鸡蛋可补充蛋白质。小小的一块猪肉小方抱蛋,营养丰富,
能量充足,助力宝宝成长。

蔬菜炒面

碳水化合物、膳食纤维、蛋白质、胡萝卜素

准备好: 宝宝面条1袋,鸡蛋1个,卷心菜1/4个,胡萝卜半根,植物油适量

这样做:

❶ 锅中加水烧开,下宝宝面条,煮至7成熟时捞出,过凉水备用。

❷ 卷心菜洗净,切丝;胡萝卜洗净,去皮擦丝;鸡蛋打散。

❸ 油锅烧热,倒入蛋液,炒熟后盛出。

❹ 锅中留底油,放入卷心菜丝、胡萝卜丝,翻炒至软后加入炒鸡蛋,炒匀后倒入面条,拌炒均匀。

这样吃肠胃好

胡萝卜富含胡萝卜素,作为炒面配菜,好吃又营养;卷心菜富含膳食纤维,可以促进宝宝肠胃蠕动。

蔬菜面条小饼

碳水化合物、蛋白质、维生素C、胡萝卜素

准备好: 西蓝花8朵,胡萝卜1段,宝宝面条1袋,鸡蛋1个,面粉、熟黑芝麻、植物油各适量

这样做:

❶ 西蓝花洗净;胡萝卜洗净,去皮切片;面条开水下锅,煮熟后捞出过凉水,沥干水分备用。

❷ 西蓝花、胡萝卜焯水后捞出切碎;面条中加入西蓝花碎、胡萝卜碎、面粉,打入鸡蛋,搅拌均匀成糊。

❸ 锅中刷油,放入蔬菜面条糊,调整成饼状,撒熟黑芝麻,加适量水,加盖小火焖煮4分钟。

这样吃身体好

宝宝面条搭配胡萝卜、鸡蛋、西蓝花做成小饼,营养均衡,宝宝爱吃。

碳水化合物、膳食纤维、蛋白质、胡萝卜素

彩色糖果饺

准备好： 菠菜、面粉各300克，胡萝卜2根，鸡肉200克，鲜香菇2朵

这样做：

❶鸡肉、鲜香菇洗净，切碎后拌成馅；菠菜、胡萝卜洗净，切小段和小块，分别用榨汁机榨成汁。

❷面粉分成两份，分别倒入菠菜汁和胡萝卜汁和面，切剂子擀皮，包入鸡肉香菇馅。

❸锅内水烧开，下入饺子，煮开后加冷水，反复3次，饺熟捞出。

这样吃身体好

在面粉中加蔬菜汁不仅改变了面皮的颜色，还增加了营养。蔬菜中的维生素和鸡肉中的蛋白质搭配，营养更均衡。

膳食纤维、蛋白质、维生素C、番茄红素

番茄厚蛋烧

准备好： 鸡蛋、番茄各1个，四季豆25克，植物油适量

这样做：

❶番茄洗净，去皮切碎；四季豆择洗干净，入沸水中焯熟后剁碎；鸡蛋打散，加入番茄碎、四季豆碎。

❷锅中刷油，均匀地铺一层蛋液在锅底，凝固后卷起，重复上述步骤至蛋液用完。

❸将煎好的蛋饼切段装盘。

这样吃身体好

番茄含有丰富的番茄红素等；鸡蛋富含蛋白质等营养成分。两者搭配做厚蛋烧，营养丰富，可以为宝宝补充成长能量。

鲜虾鸡蛋卷

准备好：

大虾8只

胡萝卜1段

鸡蛋3个

葱花、干淀粉、辅食油
各适量

蛋白质、钙、胡萝卜素、卵磷脂

这样做：

❶大虾洗净，去壳取虾仁，挑去虾线；胡萝卜洗净，去皮切片。

❷大虾、胡萝卜片放入辅食机，搅打成泥后打入1个蛋清，加葱花、干淀粉、辅食油，搅拌均匀。

❸2个鸡蛋打入碗中，加入之前剩下的鸡蛋黄，搅打均匀。

❹锅中刷油，倒入鸡蛋液，煎成蛋饼后放上虾肉泥，轻轻卷起。

❺鲜虾鸡蛋卷冷水上锅，蒸15分钟，取出放凉后切段装盘。

这样吃促发育

鸡蛋和虾富含蛋白质，两者搭配胡萝卜做成鸡蛋卷，营养互补，特别适合正在长身体的宝宝食用。

福袋小蛋饺

准备好：

猪里脊1块

鸡蛋2个

葱姜水、葱花、自制香菇粉、海苔碎、植物油各适

量这样做：

❶猪里脊洗净，切块后放入辅食机，搅打成肉泥，分3次加入葱姜水，搅拌上劲。

❷猪肉泥中加入葱花、香菇粉，搅拌至黏稠后装入裱花袋。

❸鸡蛋打入碗中，搅散。

❹锅中刷油，舀鸡蛋液放入锅中，转圈画圆，待蛋液开始凝固时挤上肉馅。

❺将蛋皮对折，包住肉馅，再用筷子将蛋饺夹成福袋状。

❻蛋饺开水下锅，中小火煮3分钟。

❼碗中放海苔碎、葱花，加入煮蛋饺的汤，将蛋饺盛入汤中。

这样吃身体好

猪里脊含蛋白质和磷、钾等矿物质，脂肪含量低，与鸡蛋等搭配做成小蛋饺，有肉有蛋，宝宝爱吃身体棒。

土豆早餐饼

准备好： 土豆1个，胡萝卜1根，米饭、虾皮、干淀粉、植物油各适量

这样做：

❶ 土豆、胡萝卜洗净，去皮擦丝后开水下锅，焯水至熟后捞出。

❷ 土豆丝、胡萝卜丝放入碗中，加入米饭、虾皮、干淀粉，搅拌均匀成馅料。

❸ 手上抹植物油，将馅料团成饼。

❹ 锅中刷油，放入土豆饼，小火煎至两面金黄。

这样吃身体好

土豆含有丰富的钾、镁等矿物质，还含有一定量的维生素C，是不容易引起过敏的食材之一，可以作为日常早餐给宝宝食用。

碳水化合物、蛋白质、维生素、胡萝卜素

煎饼果子

准备好： 低筋面粉50克，鸡蛋1个，宝宝番茄酱、芝麻海苔肉松、葱花、熟黑芝麻、植物油各适量

这样做：

❶ 低筋面粉中加适量水，搅拌均匀成面糊。

❷ 锅中刷油，倒入面糊，等面糊表面凝固时打入鸡蛋，用铲子搅散摊平，撒熟黑芝麻和葱花。

❸ 等鸡蛋表面凝固时翻面，刷上番茄酱，撒芝麻海苔肉松。

❹ 将饼卷起，对半切开装盘。

这样吃身体好

芝麻海苔肉松含钙、铁、锌等营养素，搭配鸡蛋、面粉做成煎饼果子，营养又美味。

碳水化合物、蛋白质、钙、锌、铁

蛋白质、维生素、铁、锌

清蒸鲈鱼

准备好： 鲈鱼1条，胡萝卜半根，姜丝、生抽、植物油各适量

这样做：

❶鲈鱼去鳞和内脏后洗净，取中间段，在鱼肉表面划几刀，方便入味；胡萝卜洗净，去皮切丝；生抽加水，调成淡料汁。

❷蒸盘底部铺姜丝，放上鲈鱼段，再铺一层姜丝和胡萝卜丝，开水上锅，蒸15分钟。

❸取出蒸熟的鲈鱼，倒去汤汁，浇上料汁，淋上热油。

这样吃更聪明

鲈鱼除了富含优质蛋白，还含有对宝宝大脑发育十分有益的DHA。如果购买深海鱼的机会比较少，常吃鲈鱼也是补充DHA的不错选择。

膳食纤维、蛋白质、维生素、胡萝卜素

蔬菜鸡蛋饼

准备好： 胡萝卜1段，小青菜4棵，大虾2只，鸡蛋1个，干淀粉、植物油各适量

这样做：

❶胡萝卜洗净，去皮切片；小青菜洗净；大虾洗净，去壳取虾仁，挑去虾线，切碎。

❷胡萝卜片、小青菜开水下锅，焯水后捞出切碎。

❸胡萝卜碎、青菜碎、虾仁碎放入碗中，打入鸡蛋，加入干淀粉，搅拌均匀。

❹锅中刷油，倒入蔬菜鸡蛋糊，用铲子摊平，定型后翻面，煎至两面金黄。

这样吃身体好

小青菜含维生素、微量元素等，有助于维持宝宝健康。鸡蛋富含优质蛋白，可以补充机体代谢所需能量。

鸡肉时蔬炒饭

准备好： 米饭1小碗，鸡腿1个，鲜香菇2朵，西蓝花2朵，胡萝卜1段，鲜玉米粒、葱花、葱段、姜丝、干淀粉、自制香菇粉、辅食油各适量

这样做：

①鸡腿洗净，去骨切丁；鲜香菇洗净，去蒂切丁；西蓝花洗净，掰碎；胡萝卜洗净，去皮切丁。

②香菇丁、西蓝花碎、胡萝卜丁开水下锅，焯水至熟。

③鸡肉丁中加入辅食油、香菇粉、葱段、姜丝、干淀粉，抓拌均匀，腌制20分钟后挑出葱段、姜丝。

④油锅烧热，放入鸡肉丁，翻炒至熟。

⑤锅中加入玉米粒、香菇丁、胡萝卜丁、西蓝花碎，翻炒均匀后倒入米饭，拌炒2分钟后撒葱花。

碳水化合物、蛋白质、维生素C、胡萝卜素

这样吃身体好

鸡肉可以补充蛋白质，肉质细腻易消化，搭配香菇、西蓝花、胡萝卜等蔬菜，为宝宝补充维生素，营养更均衡。

满12月龄（360天）宝宝发育粗略评估

性别	身长 / 厘米	体重 / 千克	牙齿 / 颗	便便 / 次
男	71.7~81.6	8.3~12.3	10~12	1~2
女	70.4~80.1	7.7~11.6	10~12	1~2

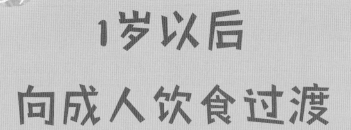

1岁以后
向成人饮食过渡

满1岁的宝宝可以逐渐过渡到家庭饮食。但家长要注意,在烹饪家庭食物时要保持口味清淡,或者在加调味料之前先给宝宝盛出来一份。宝宝的吃饭时间也要尽量调整到和家人相同或相近的时间段。

肉丁花菜炒饭

准备好:

米饭1小碗

猪肉1块

胡萝卜半根

小青菜1棵

花菜1棵

水发黑木耳3个

葱花、盐、香菇粉、植物油各适量

碳水化合物、膳食纤维、蛋白质、维生素、胡萝卜素

这样做:

❶ 胡萝卜洗净,去皮切碎;小青菜洗净,切小段;花菜洗净,切小朵;猪肉洗净,切碎;黑木耳洗净。

❷ 锅中加水,煮至微开时放盐,下胡萝卜碎、花菜、黑木耳焯水,捞出过凉水备用,黑木耳切碎。

❸ 油锅烧热,放入猪肉末炒至变色,加入花菜、胡萝卜碎、黑木耳和小青菜。

❹ 食材炒出水分后加少量水,炒至食材软烂,倒入米饭,撒香菇粉和盐,翻炒均匀。

这样吃身体好

花菜属于十字花科蔬菜,除了含有钾、钙等营养素,还含有一些抗氧化的植物化学物。花菜中的维生素C含量也较丰富,有利于提高宝宝的免疫力。

海苔碎蛋炒饭

准备好： 米饭1小碗，鸡蛋1个，大虾4只，胡萝卜半根，拌饭海苔碎1袋，葱花、宝宝酱油、植物油各适量

这样做：

❶ 鸡蛋打入碗中，搅打成蛋液；胡萝卜洗净，去皮切小丁；大虾洗净，去壳取虾仁，挑去虾线，切丁。

❷ 油锅烧热，倒入蛋液，炒熟后盛出备用。

❸ 锅中留底油，下葱花、胡萝卜丁、虾仁丁，炒香后倒入米饭，翻拌均匀，淋宝宝酱油，倒入炒熟的鸡蛋，加拌饭海苔碎，翻炒均匀。

这样吃身体好

海苔含有碘、硒、铁等营养元素，脂肪含量低，和米饭、虾仁、胡萝卜搭配，营养更加全面。

碳水化合物、膳食纤维、蛋白质、胡萝卜素、碘

咖喱鸡肉饭

准备好： 米饭1小碗，鸡胸肉1块，宝宝咖喱1块，土豆丁、胡萝卜丁、洋葱丁、姜片、干淀粉、宝宝酱油、植物油各适量

这样做：

❶ 鸡胸肉洗净，切丁，加入姜片、干淀粉、宝宝酱油、植物油抓拌均匀，腌制10分钟。

❷ 油锅烧热，下鸡肉丁炒至变色，另取油锅烧热，下蔬菜丁，炒香后倒入鸡肉丁，翻炒均匀后加入适量水，煮10分钟。

❸ 放入宝宝咖喱，搅拌均匀，煮至汤汁浓稠。

❹ 米饭在餐盘上做出造型，浇上咖喱鸡肉。

这样吃胃口好

咖喱味道很香，能提升宝宝的食欲，用它做成的咖喱鸡肉饭可以帮助宝宝补充能量。

碳水化合物、膳食纤维、蛋白质、维生素、胡萝卜素

葱油炒面

准备好：

玉米面条1袋

猪肉1块

小青菜1棵

胡萝卜半根

香葱、葱姜水、盐、香菇粉、
宝宝酱油、番茄酱、辅食油
各适量

碳水化合物、
膳食纤维、
蛋白质、维生素

这样做：

❶猪肉洗净，放入葱姜水中浸泡去腥后切成末，加宝宝酱油、辅食油腌制10分钟。

❷小青菜洗净，切碎；胡萝卜洗净，去皮切片；香葱洗净，切段。

❸番茄酱中加适量温水、宝宝酱油、盐、香菇粉调成酱汁。

❹玉米面条冷水下锅，水微开后放入胡萝卜片，面熟后捞出，并捞出胡萝卜片切丝。

❺油锅烧热，下葱段，炒至微焦后盛出。

❻锅中放入猪肉末、胡萝卜丝，炒至肉熟后加入青菜碎，炒至小青菜软烂，加入面条，
倒入酱汁，翻炒均匀。

这样吃身体好

浓香扑鼻的葱油配合富含蛋白质的猪肉和富含维生素的蔬菜，炒制出的面条味道鲜美，营养均衡，
能量满满。

小葱软饼

准备好： 香葱1小把，鸡蛋2个，面粉、盐、植物油各适量

这样做：

❶ 香葱去葱白洗净，切葱花后放入碗中备用。

❷ 葱花中加入面粉，打入鸡蛋，加少许盐和适量水，搅拌成面糊。

❸ 锅中刷油，倒入面糊，摊成面饼，小火煎至两面金黄。

这样吃长得壮

鸡蛋和香葱、面粉做成小葱软饼，可以为宝宝提供充足的能量和蛋白质，还可以搭配蔬菜，营养更均衡。

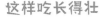

碳水化合物、膳食纤维、蛋白质、维生素C、胡萝卜素

海苔芝士饭团

准备好： 米饭1碗，火腿肠1根，熟玉米粒1小碗，肉松、海苔碎、宝宝酱油、芝士片、蛋黄酱、宝宝番茄酱、熟黑芝麻各适量

这样做：

❶ 火腿肠切丁，加入米饭、熟玉米粒、肉松、海苔碎、宝宝酱油，搅拌均匀。

❷ 把混合米饭捏成一个个饭团。

❸ 芝士片切小片，盖在饭团上，淋番茄酱、蛋黄酱，撒熟黑芝麻。

❹ 饭团放入空气炸锅，160℃烤10分钟。

这样吃身体好

海苔芝士饭团食材种类多，营养丰富，可为宝宝提供充足能量。

碳水化合物、膳食纤维、蛋白质、维生素、矿物质

碳水化合物、膳食纤维、蛋白质、维生素C、铁

西蓝花牛肉通心粉

准备好：通心粉、西蓝花、牛肉各30克，盐、植物油、香油各适量

这样做：

❶西蓝花洗净,掰小朵; 牛肉洗净,切碎,用盐腌制。

❷油锅烧热,放入牛肉碎,翻炒至熟。

❸另起一锅,加水烧开,放入通心粉,快煮熟时放入西蓝花,煮熟后捞出沥干。

❹将煮熟的通心粉和西蓝花盛入盘中,撒上牛肉碎,滴几滴香油即可。

这样吃促发育

牛肉含有丰富的优质蛋白、铁、锌等;西蓝花中的维生素C能够促进人体对植物来源中铁的吸收;通心粉富含碳水化合物,可以为宝宝的成长提供能量。

碳水化合物、膳食纤维、蛋白质、维生素C、铁

猪肉荠菜馄饨

准备好：猪瘦肉、荠菜各50克，馄饨皮10张，盐、香油各适量

这样做：

❶猪瘦肉和荠菜洗净剁碎,加盐拌成馅。

❷馄饨皮包入馅,包成馄饨。

❸在沸水中下入馄饨,水开后加一次冷水,待再沸后捞起,放在碗中,淋上香油即可。

这样吃不贫血

猪瘦肉含铁丰富,荠菜含铁也较丰富,荠菜还含有维生素C,有利于促进铁的吸收。猪肉荠菜馄饨营养比较均衡,有利于宝宝摄入充足的蛋白质,预防缺铁。

虾仁鸡蛋炒饭

准备好：米饭1碗,鸡蛋1个,大虾5个,盐、干淀粉、植物油各适量

这样做：

❶ 打鸡蛋,分离蛋清和蛋黄,蛋黄打散；大虾洗净,去壳取虾仁,挑去虾线,加干淀粉,与部分蛋清拌匀,氽水捞出。

❷ 油锅烧热,将蛋黄液煎成蛋皮,切丝。

❸ 另起油锅烧热,将剩余蛋清和虾仁拌炒,最后加入米饭炒匀,加盐调味。

❹ 炒饭盛入碗内,拌入蛋丝。

这样吃身体好

虾含锌、铁、硒等微量元素,是补充营养的良好食材,且脂肪含量比较低。这道海鲜炒饭味道鲜美,让宝宝胃口大开。

碳水化合物、蛋白质、锌、硒

番茄芝士三明治

准备好：吐司、芝士片、生菜叶各2片,番茄1个

这样做：

❶ 吐司切去四边；生菜叶洗净；番茄洗净,切片。

❷ 在一片吐司上依次铺上生菜叶、番茄片、芝士片,盖上另一片吐司,对角切开即可。

这样吃长得壮

芝士是含钙量较高的食材,每10克芝士含钙量可达80毫克。宝宝1岁以后,不愿意喝奶或喝奶量较少,不妨给他安排点芝士,以此补充蛋白质和钙。

碳水化合物、蛋白质、维生素C、钙

花生酱鸡丝拌面

准备好: 鸡胸肉1块, 小米面条1袋, 胡萝卜丝、黄瓜丝、木耳丝、花生酱、葱段、姜片、植物油、盐各适量

这样做:

❶ 鸡胸肉洗净, 对半切开, 冷水下锅, 加葱段、姜片, 煮熟后捞出, 撕成细丝; 胡萝卜丝、黄瓜丝、木耳丝开水下锅, 焯水。

❷ 两勺花生酱, 加盐和少量温水搅拌均匀。

❸ 小米面条开水下锅, 滴几滴植物油, 煮至面熟后捞出放入盘中。面条上放鸡肉丝和多种蔬菜丝, 淋上花生酱。

这样吃长得壮

花生酱含蛋白质、矿物质、B族维生素和维生素E等, 但脂肪含量高, 偏胖的宝宝不宜多吃。

手撕鸡肉饭团

准备好: 紫米饭1小碗, 鸡胸肉1块, 紫菜1小片, 冰糖2颗, 胡萝卜碎、西蓝花碎、葱段、姜片、白芝麻、盐、香菇粉、生抽, 辅食油各适量

这样做:

❶ 鸡胸肉洗净, 对半切开, 冷水下锅, 加葱段、姜片, 煮熟后捞出, 撕碎; 紫菜剪碎。

❷ 油锅烧热, 下冰糖, 中小火炒出糖色, 倒入紫菜碎、白芝麻, 翻炒至紫菜酥脆后盛出。

❸ 另起油锅烧热, 下鸡肉碎、西蓝花碎、胡萝卜碎、紫米饭, 撒适量香菇粉和盐, 淋少许生抽, 翻炒至菜熟, 盛出放凉, 拌入紫菜碎搓成饭团。

这样吃促发育

鸡胸肉富含蛋白质, 而且各类营养物质容易被消化吸收, 可以促进宝宝身体发育, 增强体质。

肉松黑米抱抱卷

准备好：

无小麦黑米自发粉1小碗

土豆1个

白糖、三文鱼肉松、核桃油
各适量

碳水化合物、
蛋白质、维生素C、
脂肪酸

这样做：

❶黑米粉中加入少许白糖和适量温水，搅拌至黏稠，发酵30分钟；土豆洗净，去
  皮切片。

❷餐盘中铺保鲜膜，倒入黑米糊，和土豆片一起冷水上锅，蒸20分钟至熟。

❸土豆片加适量核桃油捣成泥，铺在黑米糕上，再铺三文鱼肉松。

❹将保鲜膜卷起，去掉保鲜膜后对半切开。

这样吃更聪明

三文鱼肉松由三文鱼、猪肉等食材制作而成，丰富的营养有助于宝宝大脑发育。家长购买成品
食材时一定要关注配料表，配料表越简单，相对越健康。

虾滑蒸蛋

准备好：

大虾5只

鸡蛋1个

胡萝卜1段

鲜玉米粒1小把

葱花、玉米淀粉、盐、生抽、
香油各适量

蛋白质、
维生素、钙、
胡萝卜素

这样做：

❶ 大虾洗净，去壳取虾仁，挑去虾线，剁成泥；胡萝卜洗净，去皮切小丁；鲜玉米粒洗净。

❷ 虾泥放入碗中，加入胡萝卜丁、鲜玉米粒、盐、玉米淀粉，搅拌均匀成蔬菜虾泥。

❸ 鸡蛋打入碗中，搅打成蛋液后加适量水，搅拌均匀去浮沫；生抽倒入碗中，加水稀释。

❹ 蔬菜虾泥放入蒸盘，整理成圆盘状，周围一圈淋上蛋液，开水上锅，蒸12分钟，关
火后闷2分钟。

❺ 蒸蛋上撒葱花，淋生抽水和香油。

这样吃长得壮

虾仁含有丰富的蛋白质和钙，有利于宝宝骨骼和牙齿发育。虾滑蒸蛋味道鲜美，口感嫩滑，营养均
衡，可以时常做给宝宝吃。

秋葵拌鸡肉

准备好： 秋葵2根，鸡胸肉1块，小番茄5个，香油适量

这样做：

①秋葵、鸡胸肉和小番茄洗净。

②秋葵放入沸水中焯烫2分钟，捞出后沥干水分；鸡胸肉放入沸水中煮熟，捞出沥干水分。

③小番茄切块；秋葵去蒂，切成1厘米长的小段；鸡胸肉切成1厘米的方块。

④秋葵段、鸡胸肉块和小番茄块放入盘中，淋上香油即可。

这样吃长得壮

鸡肉是高蛋白的食物，脂肪含量相对较低；秋葵含有膳食纤维和钙、钾等多种矿物质，与鸡肉搭配做成秋葵拌鸡肉，是营养均衡的健康菜品。

膳食纤维、蛋白质、维生素C、钙、钾

虾仁西蓝花

准备好： 西蓝花、虾仁各50克，小番茄6个，鸡蛋1个，盐、植物油各适量

这样做：

①鸡蛋取蛋清；虾仁洗净，去除虾线，加入蛋清调匀；西蓝花洗净，掰成小朵，放入沸水中焯熟；小番茄洗净，切块。

②油锅烧热，倒入西蓝花、小番茄翻炒均匀，倒入裹好蛋清的虾仁炒熟，调入盐，炒均即可。

这样吃促发育

虾仁含优质蛋白、硒等营养素，西蓝花含有钙、钾、镁、维生素C、膳食纤维和胡萝卜素等，这些营养素可合力促进宝宝成长。

膳食纤维、蛋白质、维生素C、钙、胡萝卜素

珍珠莲藕猪肉丸

准备好： 大米1小碗，猪肉泥1小碗，莲藕1小截，胡萝卜半根，葱花、干淀粉、生抽、香菇粉、盐、小米油各适量

这样做：

❶ 大米提前浸泡3小时；莲藕、胡萝卜洗净，去皮切片，开水下锅，焯水后捞出切碎。

❷ 猪肉泥、莲藕碎、胡萝卜碎和葱花放入碗中，加干淀粉、生抽、香菇粉、盐、小米油，抓拌均匀。

❸ 将猪肉馅团成一个个丸子，均匀裹上大米。

❹ 丸子放入蒸盘，冷水上锅，蒸30分钟。

这样吃身体好

莲藕含维生素C和一定量的膳食纤维，猪肉富含蛋白质、铁、锌等。珍珠莲藕猪肉丸可以为宝宝补充充足的能量。

脆皮茄子

准备好： 茄子1个，番茄半个，宝宝番茄酱、葱花、熟白芝麻、干淀粉、生抽、植物油各适量

这样做：

❶ 茄子洗净，去皮切块，在水中浸泡片刻，捞出后撒干淀粉，拌匀；番茄洗净，切碎。

❷ 取适量番茄酱放入碗中，加适量干淀粉、生抽、水，调成酱汁。

❸ 油锅烧热，下茄块，翻炒至表面变脆盛出。

❹ 另起油锅烧热，下葱花爆香，放入番茄碎和茄块，翻炒几下后倒入酱汁，炒至汤汁黏稠，盛出撒葱花和熟白芝麻。

这样吃肠胃好

茄子含膳食纤维和多种维生素、矿物质等，绵软清甜，口感细腻。

宝宝宫保鸡丁

准备好：

鸡胸肉1块

黄瓜1段

胡萝卜半根

宝宝番茄酱、葱段、葱姜水、
干淀粉、香菇粉、生抽、盐、
植物油各适量

这样做：

① 鸡胸肉洗净，放入葱姜水中浸泡去腥；黄瓜、胡萝卜洗净，去皮切小丁；葱段切葱花。

② 鸡胸肉先切条再切丁，加干淀粉、植物油搅拌均匀，腌制片刻。

③ 番茄酱挤入碗中，加生抽、干淀粉、香菇粉、盐和水，调成酱汁。

④ 油锅烧热，加入鸡胸肉丁，炒熟后盛出备用。

⑤ 另起油锅烧热，下葱花、胡萝卜丁，翻炒几下后加水，加盖略煮。等胡萝卜丁变软后，
　下黄瓜丁，翻炒几下后倒入鸡胸肉，加酱汁，炒2分钟收汁。

这样吃身体好

鸡胸肉中含有优质蛋白，脂肪含量又较低，是宝宝摄入蛋白质的优质食材，搭配胡萝卜和黄瓜，
让这道菜品营养更丰富，宝宝吃着也更可口。

膳食纤维、蛋白质、维生素C、矿物质

白萝卜香菇肉丸

准备好： 白萝卜1段，猪肉末1小碗，鲜香菇2朵，虾皮、干淀粉、植物油各适量

这样做：

❶ 白萝卜洗净，去皮擦丝；鲜香菇洗净，去蒂切小丁；虾皮放入水中浸泡片刻，淘洗干净。

❷ 油锅烧热，下猪肉末，炒至变色后倒入香菇丁和虾皮，翻炒至熟后盛出，倒入萝卜丝中，加干淀粉，搅拌均匀，搓成丸子。

❸ 肉丸放入蒸盘，冷水上锅，蒸20分钟。

这样吃胃口好

白萝卜含膳食纤维、维生素C等，与猪肉、香菇做成的肉丸软糯爽口，可以增加宝宝食欲。

膳食纤维、蛋白质、维生素、矿物质

香煎番茄肉饼

准备好： 猪肉末1小碗，番茄1个，西蓝花4朵，盐、生抽、植物油各适量

这样做：

❶ 番茄洗净，切块；西蓝花洗净，开水下锅，焯水至熟。

❷ 番茄块、西蓝花和猪肉末放入辅食机，加盐和生抽，搅打成泥。

❸ 锅中刷油，放入番茄肉泥，用勺子压成饼状，小火煎至两面金黄。

这样吃肠胃好

番茄含有机酸，可以提升宝宝食欲，并能促进消化。

柠檬煎鳕鱼

准备好： 鳕鱼肉1块，柠檬、鸡蛋各1个，盐、干淀粉、植物油各适量

这样做：

❶ 柠檬洗净，去皮榨汁；鳕鱼肉洗净，切小块，加入盐、柠檬汁腌制片刻；鸡蛋取蛋清。

❷ 腌制好的鳕鱼块裹上蛋清和干淀粉。

❸ 油锅烧热，放入鳕鱼，煎至两面金黄。

蛋白质、维生素C、硒、DHA

这样吃更聪明

鳕鱼属于低脂高蛋白质食材，所含脂肪酸主要为不饱和脂肪酸，如EPA和DHA，还含硒等营养物质，可促进宝宝大脑发育。

蛤蜊蒸蛋

准备好： 蛤蜊8个，虾仁2个，鸡蛋1个，鲜香菇3朵，盐适量

这样做：

❶ 蛤蜊放入盐水中吐净泥沙，用热水烫至口张开，取肉切碎；虾仁挑去虾线，洗净切丁；鲜香菇洗净，切丁；鸡蛋打散。

❷ 在蛋液中加少量盐，将蛤蜊碎、虾仁丁、香菇丁放入蛋液中拌匀，隔水蒸15分钟。

蛋白质、维生素、钙、DHA

这样吃更聪明

蛤蜊含有钙、磷、镁、碘、硒等营养元素，搭配虾仁和鸡蛋做成的蒸蛋，不仅口感鲜美，还有助于宝宝大脑发育。

膳食纤维、蛋白质、钙、胡萝卜素

千张时蔬肉卷

准备好：猪瘦肉1块，胡萝卜1根，莴笋半根，鸡蛋1个，鲜香菇5朵，千张、盐、玉米淀粉、生抽、植物油各适量

这样做：

❶胡萝卜、莴笋洗净，去皮切小丁；鲜香菇洗净，切小丁。

❷猪瘦肉洗净，切小块，用辅食机打成泥。

❸胡萝卜丁、莴笋丁、香菇丁和猪肉泥放入碗中，打入鸡蛋，撒盐和玉米淀粉，搅匀成馅。

❹千张铺平，均匀摊上肉馅后卷起切段。

❺千张肉卷冷水上锅，蒸20分钟，淋少许生抽。

这样吃长得壮

千张含有优质蛋白、钙和多种矿物质，和蔬菜、猪肉搭配，营养互补，有助于宝宝骨骼发育。

膳食纤维、蛋白质、维生素C

冬瓜肉卷

准备好：冬瓜1块，猪肉泥1小碗，鸡蛋1个，枸杞、葱花、姜末、蒜末、玉米淀粉、水淀粉、盐、宝宝酱油、素蚝油、植物油各适量

这样做：

❶冬瓜去瓤洗净，去皮切长条片，加盐腌制片刻；枸杞洗净。

❷猪肉泥中加葱花、姜末、蒜末、玉米淀粉、宝宝酱油、植物油、素蚝油，搅拌均匀。

❸冬瓜片卷起，围成圈，填入肉馅后放入蒸盘，中间打上鸡蛋，冷水上锅，中大火蒸20分钟。

❹蒸出的汁倒入锅中，加枸杞、宝宝酱油、水淀粉，煮开浇在冬瓜肉卷上，撒葱花。

这样吃身体好

冬瓜含维生素C、膳食纤维及多种矿物质，做成肉卷荤素搭配、绵软鲜香，宝宝吃了身体更棒。

时蔬虾排

准备好：

鲜玉米粒1小碗

胡萝卜片10克

海带苗1袋

大虾6个

生鸡蛋清半个

纸杯1个

干淀粉、植物油各适量

膳食纤维、蛋白质、碘、胡萝卜素

这样做：

❶鲜玉米粒、胡萝卜片开水下锅，焯水后捞出切碎。

❷海带苗热水泡发，洗净后切碎，下锅炒香后盛出备用。

❸大虾洗净，去壳取虾仁后挑去虾线，放入辅食机，搅打成泥。

❹虾泥中加海带苗、玉米粒、胡萝卜碎、生鸡蛋清和干淀粉，顺时针搅拌上劲。

❺剪下纸杯开口一圈，填上虾肉泥并铺平，制成虾排。

❻锅中刷油，下虾排，煎至两面金黄熟透。

这样吃身体好

鲜虾配上胡萝卜、玉米粒、鸡蛋清、海带苗制成香喷喷的虾排，可为宝宝补充胡萝卜素、膳食纤维、蛋白质、碘，营养丰富，味道鲜香，宝宝越吃越香。

膳食纤维、蛋白质、维生素、胡萝卜素

蛋黄焗南瓜

准备好： 南瓜半个，熟鸭蛋黄2个，葱花、植物油各适量

这样做：

❶南瓜洗净，去皮切粗长条，开水下锅，焯水至熟后捞出备用。

❷油锅烧热，下熟鸭蛋黄，炒散至蛋黄冒泡。

❸倒入南瓜条，拌炒均匀后撒葱花。

这样吃促发育

南瓜含有胡萝卜素、可溶性膳食纤维，糯糯甜甜，和鸭蛋黄搭配，合力促进宝宝的生长发育。

膳食纤维、蛋白质、维生素C

肉末茄子

准备好： 圆茄子半个，猪肉末1小碗，宝宝番茄酱、葱花、盐、玉米淀粉、宝宝酱油、辅食油各适量

这样做：

❶茄子洗净，去皮切小丁，开水上锅，蒸熟备用。

❷猪肉末中加玉米淀粉、盐、宝宝酱油、辅食油，搅拌均匀，腌制10分钟；玉米淀粉加宝宝酱油、水，调成酱汁。

❸油锅烧热，下猪肉末炒出香味，倒入茄子丁，加番茄酱，翻炒均匀后加酱汁，焖煮至汤汁黏稠，撒葱花。

这样吃不便秘

茄子含有膳食纤维，能够促进肠道蠕动，让宝宝排便更顺畅，从而缓解便秘。

美味汤羹

海带豆腐鲫鱼汤

准备好：

小鲫鱼2条

豆腐1块

鲜香菇2朵

海带苗1袋

葱叶、枸杞、盐、植物油各适量

蛋白质、钙、碘

这样做：

❶鲫鱼去鳞和内脏，洗净后在鱼两面划几刀；鲜香菇洗净，切块；豆腐洗净，切块；海带苗冷水泡发，撕小片；枸杞洗净。

❷油锅烧热，下鲫鱼，煎至两面金黄后捣碎，加入开水。

❸锅中加入葱叶和香菇块，加盖炖煮20分钟。

❹鱼汤滤去鱼肉，挑净鱼刺，放回香菇块，加入豆腐块和海带苗片，撒枸杞和盐，煮5分钟。

这样吃长得壮

鲫鱼汤鲜美爽口，与富含钙和蛋白质的豆腐搭配做汤，营养丰富易消化，时常让宝宝喝一些鲜美的鱼汤，更有助于宝宝健康成长。

土豆玉米浓汤

准备好：

鲜玉米半根

土豆半个

胡萝卜半根

配方奶120毫升

植物油适量

膳食纤维、
蛋白质、维生素C、
钾、胡萝卜素

这样做：

❶鲜玉米洗净，切下玉米粒；土豆、胡萝卜洗净，去皮切片。

❷玉米粒、土豆片、胡萝卜片冷水上锅，蒸15~20分钟至熟。

❸胡萝卜片放入辅食机，打碎。

❹土豆片、玉米粒放入辅食机，加入配方奶，搅打成糊，用网筛过滤取汁。

❺油锅烧热，下胡萝卜碎，翻炒几下后倒入土豆玉米汁，煮至汤汁黏稠即可。

这样吃身体好

鲜玉米营养丰富，尤其是淀粉、钾、膳食纤维等含量较高；土豆富含淀粉，还含有丰富的钾。土豆玉米浓汤中还加入配方奶，营养价值更高。

裙带菜虾仁豆腐汤

准备好：鸡蛋2个，大虾5只，豆腐1块，裙带菜、虾皮、葱花、香菇粉、植物油各适量

这样做：

① 油锅烧热，打入鸡蛋，煎熟后切块；裙带菜温水泡发，撕小片；大虾洗净，去壳取虾仁，挑去虾线后切段；豆腐洗净，切小块。

② 油锅烧热，下葱花爆香，放入虾仁段炒至变色。

③ 锅中加水，水开后放入鸡蛋块、豆腐块和裙带菜片，加虾皮和香菇粉调味，煮5分钟。

这样吃身体好

裙带菜虾仁豆腐汤含维生素、蛋白质、矿物质等，可为宝宝补充营养，提高免疫力。

蛋白质、钙、碘、胡萝卜素

山药肉丸汤

准备好：猪肉1块，山药1段，胡萝卜碎1小碗，干淀粉、番茄丁、青菜碎、鸡蛋丝、香菇粉、植物油各适量

这样做：

① 猪肉洗净，切厚片；山药洗净，去皮切段。

② 猪肉和山药放入辅食机，搅打成泥后加胡萝卜碎、干淀粉、香菇粉，搅拌均匀。

③ 油锅烧热，下番茄丁炒出汁水，加水煮开，用手将肉馅挤成丸子，下入锅中。

④ 丸子浮起时撒青菜碎、鸡蛋丝，煮熟起锅。

这样吃身体好

猪肉补铁，山药可以补充碳水，两者搭配做成山药肉丸汤，口感软嫩好咀嚼，营养丰富。

蛋白质、膳食纤维、维生素C、胡萝卜素

碳水化合物、
蛋白质、维生素、
铁、锌

金橘雪梨红枣汤

准备好： 金橘5个，雪梨1个，红枣4个

这样做：

❶金橘加盐，搓洗干净后打上十字花刀。

❷雪梨洗净，去皮切块；红枣洗净，切块去核。

❸锅中放水，下雪梨、金橘、红枣，煮至食
材软烂。

这样吃胃口好

红枣富含碳水化合物，雪梨和金橘维生素含量丰
富，一起做成汤，口感清甜，宝宝一喝就会爱上。

膳食纤维、
蛋白质、碘、
胡萝卜素

裙带菜山药芙蓉汤

准备好： 铁棍山药1段，胡萝卜半根，鸡蛋
1个，裙带菜、盐、植物油各适量

这样做：

❶裙带菜温水泡发，撕碎；铁棍山药、胡萝
卜洗净，去皮切碎。

❷油锅烧热，下胡萝卜碎、裙带菜碎炒出香
味，加入开水，放入铁棍山药碎，搅拌
均匀。

❸起锅前打入鸡蛋，搅拌均匀，加适量盐
调味。

这样吃身体好

裙带菜山药芙蓉汤食材丰富，含维生素、膳食纤
维、矿物质等营养成分，可以为宝宝补充多种
营养。

山药番茄蛋汤

准备好:

番茄1个

山药1段

生鸡蛋黄1个

低筋面粉30克

青菜碎、肉松、植物油各适量

碳水化合物、膳食纤维、蛋白质、维生素C

这样做:

❶山药洗净,去皮切小段,冷水上锅,蒸15分钟至熟;番茄洗净,用开水焯烫去皮,切碎;蛋黄搅打成液。

❷蒸熟的山药段放入辅食机,加适量水,搅打成糊。

❸山药糊中加入低筋面粉,搅拌均匀。

❹油锅烧热,下番茄碎,翻炒出汁水后加适量水。

❺将山药糊放在漏勺中,用勺子按压,使山药糊滴入锅中,煮2分钟后淋蛋黄液,撒青菜碎、肉松,再煮2分钟。

这样吃身体好

番茄含丰富的胡萝卜素和番茄红素,番茄红素是一种抗氧化物,有助于提高宝宝免疫力。

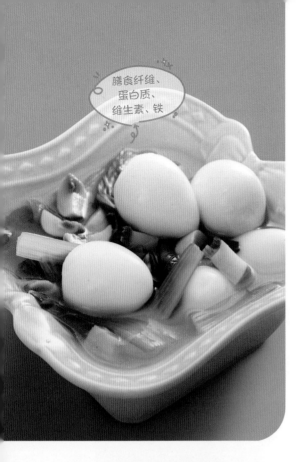

膳食纤维、
蛋白质、
维生素、铁

蘑菇鹌鹑蛋汤

准备好： 蘑菇50克，鹌鹑蛋5个，小青菜2棵，盐、植物油各适量

这样做：

❶ 蘑菇洗净，切小块；小青菜洗净，切成小段；鹌鹑蛋煮熟，去壳备用。

❷ 油锅烧热，放入蘑菇块煸炒，然后加入水，煮开后放入青菜段、鹌鹑蛋再煮3分钟，加盐调味即可。

这样吃身体好

鹌鹑蛋营养价值与鸡蛋类似，含有蛋白质、铁、锌、硒、B族维生素、维生素A等，与香菇搭配，营养更加均衡。

碳水化合物、
维生素C、番茄红素、
有机酸

时蔬浓汤

准备好： 番茄1个，绿豆芽50克，土豆、茄子各20克，高汤适量

这样做：

❶ 绿豆芽洗净，切段；土豆洗净，去皮切丁；茄子洗净，切丁；番茄洗净，用开水焯烫，去皮切丁。

❷ 锅中放高汤及水，煮开后放入所有蔬菜，大火煮沸后转小火，熬至汤汁浓稠。

这样吃肠胃好

蔬菜汤中富含各类有机酸，还含有丰富的膳食纤维，有助于调整宝宝胃肠功能。

五色紫菜汤

准备好： 豆腐1块，胡萝卜10克，菠菜2棵，鲜香菇2朵，紫菜、盐各适量

这样做：

❶ 豆腐洗净，切成小方块；鲜香菇、胡萝卜洗净，焯水，放凉后分别切片和丝；菠菜洗净，开水下锅，焯水后捞出，放凉后切段；紫菜撕小片。

❷ 锅中放入适量水，煮沸后放入所有食材，煮熟后加盐调味。

这样吃长得壮

紫菜含有丰富的碘；豆腐中含有丰富的蛋白质、钙、磷、铁等，易消化吸收，这道鲜美的汤对宝宝牙齿、骨骼的生长发育均有益。

蛋白质、维生素、碘、胡萝卜素

滑子菇炖肉丸

准备好： 滑子菇、肉馅各100克，面粉20克，胡萝卜半根，盐、高汤各适量

这样做：

❶ 滑子菇洗净，切段；胡萝卜洗净，去皮切片；肉馅加盐、面粉，顺时针搅拌均匀，做成肉丸子。

❷ 锅中加入高汤，汤沸后下肉丸，小火煮开，再放入滑子菇段、胡萝卜片，煮熟后加盐调味。

这样吃长得壮

滑子菇炖肉丸将菌菇与肉丸搭配在一起，让宝宝享受美味的同时，又能摄入铁等营养素。家长可以举一反三，增加菠菜、黑木耳来搭配。

碳水化合物、膳食纤维、蛋白质、胡萝卜素

膳食纤维、
蛋白质、维生素C

萝卜鸡蛋汤

准备好：白萝卜半根，鸡蛋1个，枸杞、蒜叶、植物油、盐各适量

这样做：

❶ 白萝卜洗净，去皮切丝；蒜叶洗净，切段。

❷ 油锅烧热，打入鸡蛋，煎熟后盛出。

❸ 锅中留底油，下萝卜丝，炒至断生后放入鸡蛋，加盐和热水。

❹ 水开后撒枸杞和蒜段，煮2分钟。

这样吃身体好

白萝卜含有一定量的维生素C、钙、膳食纤维，与鸡蛋搭配做汤，味道鲜美，丰富的营养也可促进宝宝成长。

蛋白质、钙、碘

紫菜虾丸汤

准备好：大虾仁6个，鸡蛋1个，紫菜碎、干淀粉、葱花、植物油、盐各适量

这样做：

❶ 虾仁放入辅食机，加干淀粉，搅打成泥；鸡蛋打入碗中，搅打成蛋液。

❷ 油锅烧热，倒入蛋液，煎熟后盛出切丝。

❸ 锅中放水，水开后用勺子挖取虾肉泥下入锅中。

❹ 虾丸浮起时撒紫菜碎、鸡蛋丝、葱花、盐，搅拌均匀。

这样吃长得壮

虾是蛋白质含量很高的食物之一，还含有丰富的硒、钙、钾等。紫菜含有丰富的碘，而碘是合成甲状腺素的重要原料，这对宝宝发育很重要。

蔓越莓酸奶蛋糕

准备好：

鸡蛋2个

酸奶100克

玉米淀粉20克

蔓越莓干、植物油各适量

蛋白质、维生素C、钙

这样做：

❶鸡蛋打入碗中，倒入酸奶，加入玉米淀粉，搅打均匀。

❷蔓越莓干切碎，蒸碗底部铺油纸，内部刷一层油，撒蔓越莓干。

❸蛋糊过筛，装入蒸碗，蒙上保鲜膜，膜上扎几个透气孔，冷水上锅，蒸45分钟。

❹蛋糕脱模切块。

这样吃身体好

蔓越莓含维生素C和多种矿物质，还含有丰富的抗氧化物，这些营养素对增强宝宝抵抗力很有帮助。

鳕鱼芝士松饼

准备好：

鸡蛋1个

面粉50克

配方奶50毫升

鳕鱼肉1块

芝士片、黑芝麻、植物油
各适量

碳水化合物、
蛋白质、钙、
DHA

这样做：

①鸡蛋打入碗中，加面粉和配方奶，搅拌均匀，撒黑芝麻，再次搅拌均匀。

②油锅烧热，下鳕鱼肉，两面煎熟后捣碎。

③锅中刷油，倒入一半面糊，面糊开始凝固时先铺一半芝士片，放上鳕鱼肉碎，再铺
   剩下一半芝士片。

④倒入剩下一半面糊，加盖小火焖煎3分钟，翻面后再加盖焖煎3分钟。

⑤取出松饼装盘切片。

这样吃更聪明

鳕鱼富含DHA，DHA能促进宝宝大脑发育；芝士富含钙、蛋白质等营养素，用于制作松饼，让
松饼的口感更香，补钙之余又能掩盖鳕鱼的腥味。

水果米布丁

准备好： 米饭1碗，牛奶400毫升，西瓜、红心火龙果各适量

这样做：

❶ 向米饭锅中加入牛奶，小火煮成牛奶粥。

❷ 牛奶粥倒入破壁机，打至细腻后小碗分装，自然放凉。

❸ 西瓜、火龙果去皮切丁，分别放在放凉的牛奶细粥上。

这样吃长得壮

主食、水果和牛奶的搭配，为宝宝提供丰富营养和充足能量的同时，可口的味道还能提升宝宝食欲。

碳水化合物、膳食纤维、蛋白质、维生素

红薯软曲奇

准备好： 红薯、生鸡蛋黄各1个，低筋面粉、黑芝麻各适量

这样做：

❶ 红薯洗净，去皮切块，上锅蒸熟。

❷ 将蒸熟的红薯捣成泥，加入生鸡蛋黄、低筋面粉、黑芝麻，搅拌均匀后装入裱花袋。

❸ 将红薯面糊挤成一个个面圈，放入烤盘，烤箱设定140℃，烤20分钟。

这样吃不便秘

红薯不仅香甜，而且富含膳食纤维，有助于宝宝消化。红薯软曲奇外酥里软，可以锻炼宝宝的咀嚼和抓握能力。

碳水化合物、膳食纤维、蛋白质、维生素

碳水化合物、
膳食纤维、
蛋白质、钙

牛奶小方糕

准备好：纯牛奶220毫升，玉米淀粉25克，白糖10克，植物油、椰蓉各适量

这样做：

❶ 纯牛奶倒入锅中，玉米淀粉和白糖过筛，加入牛奶中。

❷ 小火煮奶糊，不停搅拌至奶糊黏稠。

❸ 蒸碗刷油，倒入奶糊，冷藏或常温静置3小时。

❹ 凝固的奶糊脱模后切块，撒上椰蓉。

这样吃长得壮

牛奶小方糕含有蛋白质、钙和多种微量元素，有助于增强宝宝免疫力，长高个。

蛋白质、
维生素、钙、
脂肪酸

芝士棒

准备好：吉利丁片15克，配方奶200毫升，芝士3片

这样做：

❶ 吉利丁片冷水泡软。

❷ 配方奶倒入锅中，加入芝士片，小火煮至芝士片融化，关火后放凉至50℃。

❸ 将吉利丁片捞出，放入配方奶中，搅拌至融化。

❹ 配方奶过筛后倒入模具，放冰箱冷藏至凝固后取出脱模。

这样吃长得壮

芝士棒富含蛋白质、维生素、脂肪、钙等营养成分，有助于宝宝骨骼发育。

粉色舒芙蕾

准备好：

红心火龙果1个

鸡蛋1个

低筋面粉20克

配方奶粉5克

柠檬半个

椰蓉适量

膳食纤维、
蛋白质、
维生素C、钙

这样做：

❶火龙果去皮切块，放入辅食机，搅打成泥，加水后用筛子滤取适量果汁；打鸡蛋，蛋清和蛋黄分别装碗。

❷装蛋黄的碗中倒入火龙果汁，加入低筋面粉、配方奶粉，搅拌均匀。

❸装蛋清的碗中挤入柠檬汁，用搅拌机高速打发。

❹取1/3打发蛋清，加入火龙果蛋黄糊，快速抄底搅拌均匀。

❺倒入剩余的打发蛋清，快速翻拌均匀后装入裱花袋。

❻不粘锅中打圈挤入火龙果糊，锅边加少量水，加盖焖煮至水干，翻面后锅边再加1次水，再次加盖焖煮至水干，取出撒椰蓉。

这样吃不便秘

火龙果含水溶性膳食纤维，能够帮助宝宝预防便秘，是制作辅食的良好食材，而其鲜艳的颜色也可以让食物更精美。

碳水化合物、
膳食纤维、蛋白质、
维生素C

山药蔓越莓小饼

准备好： 山药1根，蔓越莓干、白糖、面粉、植物油各适量

这样做：

❶ 山药洗净，去皮切段，上锅蒸熟。

❷ 蒸熟的山药段放入碗中捣碎，加入蔓越莓干、白糖、面粉，搅拌均匀后搓成一个个丸子。

❸ 锅中刷油，放入山药蔓越莓丸子，用铲子将其压成饼状，小火煎至两面金黄。

这样吃身体好

山药属于薯类，含有碳水化合物、钾等。山药蔓越莓小饼口感清甜，是适合宝宝的健康"甜"食。但为了宝宝健康，制作小饼时应尽量少放糖。

膳食纤维、
蛋白质、
维生素、钙

红薯芝士夹心饼

准备好： 红薯1个，芝士块、面粉、白芝麻、植物油各适量

这样做：

❶ 红薯洗净，去皮切厚片，上锅蒸熟后压成泥。

❷ 红薯泥中加入面粉，手上抹油，将其揉成面团后搓成长条，切成大小相近的剂子。

❸ 将剂子搓成一个个圆球，压扁后包入芝士块，压成饼后撒上白芝麻。

❹ 锅中刷油，放入红薯饼，煎至两面金黄微焦。

这样吃长得壮

香浓的芝士加到红薯泥中，补钙效果更明显。芝士的钙含量是牛奶的几倍，是货真价实的"补钙小能手"。

酸奶蛋糕

准备好：

鸡蛋2个

酸奶40克

低筋面粉40克

辅食油、白糖、柠檬汁各适量

碳水化合物、蛋白质、钙

这样做：

❶打鸡蛋，蛋黄和蛋清分别装碗。

❷装蛋黄的碗中加入酸奶和辅食油，搅拌均匀至乳化，筛入低筋面粉，"Z"字形搅拌均匀。

❸装蛋清的碗中加入柠檬汁和白糖，用搅拌器高速打发。

❹取1/3蛋白霜加入蛋黄糊，快速抄底搅拌均匀，然后将蛋黄糊倒入剩余的蛋白霜中，快速翻拌均匀。

❺炖盅内刷油，倒入蛋糕，轻震去除气泡后加盖放入炖锅，选择焖饭模式焖20分钟。

❻焖饭模式结束后再闷5分钟，取出脱模切块。

这样吃促发育

酸奶味道酸甜，口感爽滑细腻，含有乳酸菌，有助于维护宝宝肠道健康，还富含钙，有助于宝宝身体发育。

缺什么补什么
增强体质少生病

药补不如食补，强健的体质离不开营养丰富的食物。宝宝的每一餐辅食都要尽量保证食材搭配均衡，要有1种主食，2种蔬菜，1种蛋、肉或鱼虾。保证营养的同时，提高宝宝免疫力，让宝宝少生病、长得高、更聪明。

维生素D：促进钙吸收

口蘑肉片

准备好： 猪瘦肉1块，口蘑、葱花、盐、植物油、香油各适量

这样做：

❶ 猪瘦肉洗净切片，加盐腌制；口蘑洗净，切片。

❷ 油锅烧热，爆香葱花，放入猪瘦肉片翻炒，再放入口蘑片炒匀，加少量盐调味，最后滴几滴香油即可。

这样吃身体好

口蘑肉质肥厚、营养丰富，含有膳食纤维和多种维生素及矿物质，这些营养对宝宝的生长发育有很大益处。

膳食纤维、蛋白质、维生素D、矿物质

蛋白质、维生素A、B族维生素、维生素D、矿物质

三文鱼芋头三明治

准备好： 三文鱼1块，番茄半个，芋头2个，吐司面包1片

这样做：

❶ 三文鱼洗净，上锅蒸熟，捣碎备用；番茄洗净，切片。

❷ 芋头洗净，上锅蒸熟，去皮后捣碎，加入三文鱼泥，搅拌均匀。

❸ 吐司面包对角切三角形，将做好的三文鱼芋泥涂抹在吐司面包上，加入番茄片，盖上另一半吐司面包即可。

这样吃身体好

三文鱼肉质鲜美，含有蛋白质、维生素A、维生素D、维生素B$_6$、维生素B$_{12}$及多种矿物质，这些营养素有利于提高宝宝的免疫力。

香菇烧豆腐

准备好： 豆腐1块，香菇3朵，冬笋、高汤、盐、植物油各适量

这样做：

❶ 香菇洗净，去蒂切片，泡水备用；冬笋洗净，切片。

❷ 豆腐洗净，切块；锅中加水烧开后加少许盐，下豆腐块焯烫，捞出备用。

❸ 油锅烧热，依次加入香菇片、冬笋片翻炒，倒入泡香菇的水；下豆腐块，加高汤烧煮片刻，加盐调味即可。

这样吃身体好

豆腐含蛋白质、钙等多种营养元素。香菇含B族维生素、铁、钾、维生素D，能促进身体对钙的吸收。

蛋白质、维生素D、钙、铁、磷

烩双耳

准备好： 银耳1朵，黑木耳1小把，芦笋5根，红椒1个，植物油、盐、葱末、姜末、高汤各适量

这样做：

❶ 银耳和黑木耳分别用水泡发洗净，银耳摘去黄根后撕成小朵备用；红椒洗净切块；芦笋切成段。

❷ 油锅烧热，爆香葱姜末，放入银耳、黑木耳、红椒块翻炒均匀。

❸ 倒入高汤焖煮5分钟，加入芦笋段翻炒1分钟，加盐调味即可。

这样吃身体好

银耳中含有一定量的维生素D，对宝宝生长发育十分有益；黑木耳中铁的含量高，可以预防缺铁性贫血。

膳食纤维、维生素D、铁

钙：助力宝宝生长

肉松香豆腐

准备好： 卤水豆腐1块，肉松、蒜片、盐、植物油各适量

这样做：

❶ 卤水豆腐洗净，切块，放入加了盐的开水中，小火煮两分钟后捞出。

❷ 油锅烧热，爆香蒜片，放入豆腐块，用小火煎至两面金黄。盛出豆腐块摆盘，将肉松均匀地铺在上面即可。

这样吃长得壮

豆腐口感滑嫩，含有蛋白质、钙、磷、铁等，有助于宝宝身体发育。

蛋白质、钙、铁、磷

虾仁蒸蛋

准备好： 干香菇3朵，虾仁2个，鸡蛋1个，盐、香油各适量

这样做：

❶ 干香菇泡发，洗净，去蒂，切碎；虾仁挑去虾线，洗净切碎。

❷ 鸡蛋打散，加温水、盐搅匀，放入蒸锅隔水蒸至半熟。

❸ 将香菇碎、虾仁碎撒在蛋羹表面，蒸熟后，淋入少许香油调味。

蛋白质、钙

这样吃长得壮

虾仁和鸡蛋含有钙质，两者同蒸，味道鲜美，温软适口，宝宝爱吃。

牛奶鳕鱼

准备好： 鳕鱼肉50克，牛奶50毫升，面粉、淡奶油、盐各适量

这样做：

❶鳕鱼肉洗净，切小块。

❷炒锅内放入淡奶油，煮沸后加入面粉、牛奶和盐，边搅拌边煮成牛奶酱汁。

❸鳕鱼块拌入牛奶酱汁中，倒入烤杯。

❹烤箱预热到160℃，放入烤杯，烤10分钟即可。

这样吃长得壮

牛奶中的钙较易被人体吸收，因而牛奶是宝宝补钙的优选食材。牛奶和鳕鱼蛋白质含量很丰富，有助于增强宝宝的体质。

蛋白质、钙

芝麻酱拌面

准备好： 面条1小袋，黄瓜半根，芝麻酱、香油、植物油、白芝麻、熟花生仁、盐、醋各适量

这样做：

❶黄瓜洗净，切丝；在芝麻酱中调入香油、盐、醋，制成酱汁；熟花生仁去皮、碾碎。

❷油锅烧热，小火翻炒白芝麻至出香味，盛出碾碎备用。

❸面条放入沸水中，煮熟后过凉沥水，盛盘。

❹将酱汁淋在面上，撒上黄瓜丝、花生芝麻碎即可。

这样吃长得壮

芝麻酱不但含有丰富的脂肪，还富含钙，它是补钙的良好食材之一。

碳水化合物、钙

菠菜猪血汤

准备好： 猪血1块，菠菜2棵，盐适量

这样做：

❶ 菠菜洗净，焯水，切段；猪血冲洗干净，切小块。

❷ 把猪血块放入沸水锅内稍煮，再放入菠菜段煮沸，加盐调味即可。

这样吃不贫血

猪血、菠菜含有一定量的铁元素，适量食用可以预防贫血。

鸡汤小馄饨

准备好： 虾仁末50克，鸡蛋1个，馄饨皮、香菜碎、虾皮、鸡汤、盐、植物油各适量

这样做：

❶ 鸡蛋加盐打散，入油锅摊成蛋皮，盛出切丝备用。

❷ 虾仁末加盐拌成馅，用馄饨皮包好。

❸ 鸡汤煮沸，下馄饨煮熟盛出，撒上鸡蛋丝、虾皮、香菜碎即可。

这样吃不贫血

虾仁除含丰富的蛋白质外，还含有一定量的铁，与鸡蛋搭配，有助于预防缺铁性贫血。

南瓜牛肉汤

准备好： 南瓜、牛肉各50克，核桃油适量

这样做：

❶ 南瓜去皮洗净，切成小丁；牛肉洗净，切成小丁。

❷ 锅内放入适量水，放入牛肉丁，大火煮开，牛肉煮熟后放入南瓜丁煮熟，滴适量核桃油即可。

这样吃不贫血

南瓜含有一定的碳水化合物和丰富的胡萝卜素；牛肉含蛋白质、铁、锌等，南瓜牛肉汤营养丰富，可促进宝宝生长发育。

碳水化合物、铁、锌、胡萝卜素

黑木耳炒肉末

准备好： 猪肉末50克，黑木耳5克，盐、植物油各适量

这样做：

❶ 黑木耳泡发后，洗净，切碎。

❷ 油锅烧热，下猪肉末炒至变色，下黑木耳碎，炒熟后加盐调味即可。

这样吃不贫血

猪肉、黑木耳中都含铁，是补铁的良好食材。还可以在黑木耳炒肉末中加点甜椒丝，以促进铁的吸收。

蛋白质、钙、铁

冬瓜肝泥馄饨

准备好：猪肝30克，冬瓜50克，馄饨皮10张，盐适量

这样做：

❶ 冬瓜去皮、去瓤，洗净后切成末；猪肝洗净，加水煮熟，剁成泥。

❷ 将冬瓜末和猪肝泥混合，加盐搅拌做成馅，用馄饨皮包好，上锅蒸熟即可。

这样吃胃口好

肝类营养价值非常高，富含多种营养素，包括铁、锌、B族维生素、维生素A等，建议每周给宝宝安排1次或2次肝类辅食。

碳水化合物、蛋白质、维生素A、铁、锌

膳食纤维、蛋白质、锌、胡萝卜素

南瓜牛肉条

准备好：牛肉1块，南瓜1小块，盐、植物油各适量

这样做：

❶ 牛肉焯水洗净，入水中煮至七成熟，捞出切条。

❷ 南瓜去皮、去瓤，洗净切条。

❸ 油锅烧热，下南瓜条、牛肉条炒熟后，加盐调味即可。

这样吃胃口好

牛肉含蛋白质、铁、锌等。牛肉直接炒熟吃起来会比较硬，宝宝不容易嚼碎，所以尽量切得细一些，炒之前可以加淀粉或蛋清腌一下，这样口感会更滑嫩，宝宝吃得更香。

胡萝卜牛肉粥

准备好： 牛肉1块，胡萝卜半根，大米40克，葱花适量

这样做：

❶ 大米洗净，浸泡1小时；牛肉洗净，切细末；胡萝卜洗净，切细丝。

❷ 大米下锅，加水煮至水沸，用小火煲成稀糊状。

❸ 大米粥中加入胡萝卜丝和牛肉末，煮熟，出锅时撒上葱花即可。

这样吃胃口好

牛肉含蛋白质、铁、锌；胡萝卜含有丰富的胡萝卜素。胡萝卜牛肉粥营养均衡，作为宝宝早餐，可为宝宝补充能量，并补充铁、锌等"开胃"必需营养素。

蛋白质、维生素、铁、锌、胡萝卜素

海鲜炒饭

准备好： 米饭1碗，鸡蛋1个，虾仁50克，蛏干10克，盐、干淀粉、植物油各适量

这样做：

❶ 鸡蛋分离蛋清、蛋黄，分别打散；虾仁加干淀粉与部分蛋清拌匀，氽水捞出；蛏干洗净，切碎。

❷ 油锅烧热，将蛋黄煎成蛋皮，切丝备用。

❸ 另起油锅烧热，将剩余蛋清、蛏干碎、虾仁炒匀，再加米饭炒熟，拌入蛋丝，加盐调味即可。

这样吃胃口好

蛏干含丰富的锌、铁、硒等微量元素，让宝宝吃饭更香，身体棒棒。

碳水化合物、蛋白质、锌、铁、硒

碘：促进大脑发育

菠菜银鱼面

准备好：挂面50克，菠菜30克，银鱼20克，鸡蛋1个，盐适量

这样做：

❶ 菠菜洗净，过水焯烫，切段；鸡蛋打散；锅中加水煮沸，放入挂面煮2分钟。

❷ 放入菠菜段、银鱼，煮熟后淋入蛋液，煮至面条熟，加盐调味即可。

这样吃更聪明

银鱼含有丰富的优质蛋白、钙、硒等营养素，这些营养素有助于促进宝宝的大脑发育。

凉拌海带干丝

准备好：海带丝100克，干丝50克，香油、葱花、蒜蓉、盐各适量

这样做：

❶ 海带丝洗净，放入沸水中焯一下；干丝洗净。

❷ 海带丝、干丝摆盘，加入葱花、蒜蓉拌匀，再加盐调味，最后淋上香油。

这样吃更聪明

海带含碘、钙量较为丰富，但要注意煮软、切碎，以利于宝宝消化吸收。

鸡蛋紫菜饼

准备好: 鸡蛋1个,面粉、紫菜、植物油、盐各适量

这样做:

❶鸡蛋打入碗中,搅匀;紫菜洗净,撕碎,用水浸泡片刻。

❷鸡蛋液中加入面粉、紫菜碎、盐,搅匀成糊。

❸油锅烧热,将适量面糊倒入锅中,小火煎成圆饼,出锅后切块即可。

碳水化合物、蛋白质、钙、碘

这样吃更聪明

鸡蛋紫菜饼含碘、钙、卵磷脂等有助于大脑发育的营养物质。紫菜与鸡蛋的搭配,提升了饼的鲜味,宝宝更爱吃。

紫菜鸡蛋汤

准备好: 鸡蛋1个,紫菜、虾皮、葱花、盐、香油各适量

这样做:

❶紫菜撕小片;鸡蛋打散成蛋液,在蛋液里放一点盐,搅拌均匀后备用。

❷锅里倒入水,待水煮沸后放入虾皮略煮;再倒入鸡蛋液,搅拌成蛋花;放入紫菜片,用中火继续煮3分钟。

❸出锅前放入盐调味,撒上葱花,淋入香油即可。

蛋白质、钙、碘

这样吃更聪明

紫菜含有丰富的碘,每周适量摄入,可以达到为宝宝补碘的效果。

DHA：让宝宝更聪明

清烧鳕鱼

准备好：鳕鱼肉1块，葱花、姜末、植物油各适量

这样做：

❶鳕鱼肉洗净，切小块，用姜末腌制。

❷将鳕鱼块入油锅煎片刻，加入适量水，加盖煮熟，撒上葱花即可。

这样吃更聪明

鳕鱼含有一定的DHA，是促进宝宝智力发育的优选食材，它可增强记忆力，提高思维能力。

蛋白质、DHA

鳗鱼山药粥

准备好：熟鳗鱼肉1块，大米50克，山药半根

这样做：

❶熟鳗鱼肉去刺切片；大米洗净；山药洗净，去皮切片。

❷大米、山药片入锅，加适量水煮成粥，再加入熟鳗鱼片略煮即可。

维生素A、维生素E、DHA

这样吃更聪明

鳗鱼富含维生素A和维生素E，能够增强宝宝的免疫力。另外，鳗鱼还含有被俗称为"脑黄金"的DHA，可以促进宝宝的大脑发育。

香煎米饼

准备好： 米饭100克，鸡肉50克，鸡蛋2个，葱花、盐、植物油各适量

这样做：

❶ 米饭搅散；鸡肉洗净，剁碎；鸡蛋打匀备用。

❷ 米饭中加入鸡肉碎、鸡蛋液、葱花和盐，搅拌均匀。

❸ 油锅烧热，将搅拌好的米饭平铺，小火加热至米饼成形，翻面后继续煎1~2分钟即可。

这样吃更聪明

香煎米饼由米饭、鸡肉和鸡蛋搭配而成，含有丰富的碳水化合物、蛋白质和少量的DHA。作为主食，可以偶尔给宝宝尝试。

碳水化合物、蛋白质、卵磷脂

鱼蛋饼

准备好： 鱼肉1块，鸡蛋1个，洋葱、黄油、植物油、宝宝番茄酱各适量

这样做：

❶ 洋葱洗净，去皮切末；鱼肉去皮，剔刺，煮熟剁碎；黄油放在常温下软化。

❷ 鸡蛋打散成蛋液，加入洋葱末、鱼肉碎、黄油，搅拌均匀。

❸ 热锅烧热，倒入鸡蛋糊，摊成圆饼状，煎至两面金黄。

❹ 出锅后切小块，淋上适量番茄酱。

这样吃更聪明

鱼肉中含蛋白质、钙、铁等营养素，还含有一定量的DHA。建议每周给宝宝食谱中安排1次或2次鱼类，尤其是海鱼。

蛋白质、DHA

维生素A：维护视力，增强免疫力

猪肝红枣泥

准备好： 猪肝1块，红枣2颗，姜片适量

这样做：

❶ 猪肝去筋膜，洗净后切片；红枣洗净。

❷ 锅中加入水，放入猪肝片和姜片，汆水后洗净。

❸ 另起锅加入水，放入猪肝片和红枣，煮至食材皆熟后捞出。

❹ 红枣去皮、去核，和猪肝一起放入辅食机，加入适量温水，搅打成泥。

这样吃视力好

猪肝红枣泥中所含的维生素A有护眼作用，能预防宝宝由维生素A缺乏引起的夜盲症。

维生素A、维生素C、铁

白芝麻猪肝粉

准备好： 猪肝1块，白芝麻、葱结、姜片、去籽柠檬片各适量

这样做：

❶ 猪肝去筋膜，切长条，用水冲泡多次，去血水。

❷ 锅中烧开水，放入猪肝、葱结、姜片和去籽柠檬片，汆水，撇去浮沫再煮10分钟。

❸ 猪肝捞出后用水洗净，切成小丁。

❹ 猪肝丁倒入不粘锅中，小火翻炒，炒至半干时加入白芝麻，继续翻炒至7分干。

❺ 猪肝丁和白芝麻放入料理机，打成粉末后倒入不粘锅，小火炒至干透。

维生素A、B族维生素、钙、铁

这样吃视力好

猪肝富含维生素A和铁；白芝麻含钙、铁和膳食纤维，有润肠通便的作用，而且能促进宝宝骨骼发育。

胡萝卜蛋羹

准备好: 鸡蛋1个,胡萝卜1/3根

这样做:

❶ 胡萝卜洗净,去皮切厚片,放入辅食机,加适量水,搅打成汁。

❷ 碗中打入鸡蛋黄,用半个鸡蛋壳取胡萝卜汁,加3次,搅拌均匀。

❸ 胡萝卜鸡蛋液过筛,倒入蒸碗,蒙上保鲜膜,膜上扎小孔。

❹ 蒸碗开水上锅,蒸10分钟,关火后闷2分钟。

这样吃视力好

胡萝卜富含胡萝卜素,可在体内转化成维生素A,有助于宝宝的视力发育;鸡蛋则是优质蛋白的来源,对宝宝的生长发育有益。

蛋白质、胡萝卜素

奶香南瓜蛋饼

准备好: 南瓜1小块,鸡蛋1个,低筋面粉、配方奶粉、熟黑芝麻、植物油各适量

这样做:

❶ 南瓜去瓤去皮,洗净切小块,开水下锅,焯水至熟。

❷ 南瓜块捞出放入碗中,捣碎,打入鸡蛋,加入低筋面粉、配方奶粉,搅拌均匀。

❸ 锅中刷油,倒入南瓜鸡蛋糊,撒上黑芝麻,加盖小火慢煎,定型后翻面,煎至两面金黄。

这样吃视力好

南瓜含有胡萝卜素、维生素C和维生素E等营养物质,有助于增强宝宝免疫力,保护宝宝的视力。

膳食纤维、蛋白质、钙、胡萝卜素

火龙果红薯泥

准备好： 红薯1个，红心火龙果1/4个

这样做：

❶ 红薯洗净，去皮切片，上锅蒸熟。

❷ 火龙果果肉放入辅食机，搅打成泥。

❸ 蒸熟的红薯片放入碗中，捣成泥后装入盘中，淋上火龙果泥。

这样吃不便秘

红薯富含膳食纤维，火龙果富含果胶，搭配制作成果泥给宝宝食用，能够加快宝宝的肠道蠕动，促进排便，缓解便秘。

膳食纤维、维生素、果胶

燕麦红薯蛋挞

准备好：

红薯1个，燕麦片60克，鸡蛋2个，配方奶100毫升，红心火龙果肉、蓝莓各适量

这样做：

❶ 红薯洗净，去皮切片，上锅蒸熟；燕麦片用辅食机打碎。

❷ 红薯放入碗中，压成泥后加入燕麦碎，搅拌均匀。

❸ 红薯燕麦泥搓成球，用模具按压出造型，烤箱上下火180℃，烤10分钟定型，制成蛋挞皮。

❹ 鸡蛋打入碗中，加入配方奶，搅打均匀后过筛。

❺ 蛋奶液倒入蛋挞皮，九分满即可，烤箱上下火200℃，烤20分钟。

❻ 蛋挞取出，放上火龙果肉和蓝莓。

这样吃不便秘

燕麦和红薯含有丰富的膳食纤维，能缓解宝宝的便秘问题。

膳食纤维、蛋白质、维生素、钙

杏仁芝麻糊

准备好： 黑芝麻30克，大米50克，甜杏仁60克，白糖适量

这样做：

❶ 将黑芝麻、大米和甜杏仁磨成粉，加水搅拌成糊状，备用。

❷ 杏仁芝麻糊加适量温水煮熟，过程中多搅拌，防止糊锅，最后加入适量白糖即可。

这样吃不便秘

黑芝麻和杏仁均富含脂肪，搭配打成糊，有润肠通便的功效。

碳水化合物、膳食纤维、蛋白质、维生素

黑芝麻花生粥

准备好： 黑芝麻30克，花生仁、大米各50克

这样做：

❶ 大米淘洗干净；黑芝麻炒香；花生仁洗净。

❷ 将大米、黑芝麻、花生仁一同放入锅内，加适量水用大火煮沸后，转小火煮至大米熟透、花生熟烂。

这样吃不便秘

黑芝麻花生粥富含碳水化合物和脂肪，能缓解宝宝便秘。注意一定要将花生煮烂或压碎。

碳水化合物、膳食纤维、蛋白质、维生素

维生素C:提高抵抗力

番茄蛋饼

准备好: 番茄、鸡蛋各1个,葱花、植物油各适量

这样做:

❶ 番茄洗净,切片后挖去瓤,留番茄圈备用,其余切碎。

❷ 碗中打入鸡蛋,加入番茄碎和葱花,搅拌均匀。锅中刷油,放入番茄圈,圈中加入蛋液,加盖焖熟。

这样吃身体好

番茄含有丰富的维生素C和番茄红素,能够清除人体内自由基,提高抵抗力。

蛋白质、维生素C、番茄红素

蛋白质、维生素C、钙

橙子奶冻

准备好: 配方奶100毫升,玉米淀粉40克,橙子适量

这样做:

❶ 橙子洗净,切块后去皮,放入辅食机,搅打成汁后过筛。

❷ 取适量橙汁倒入锅中,加入配方奶、玉米淀粉,搅拌均匀后开小火,煮至汤汁浓稠。

❸ 浓汁倒入模具,常温冷却或冷藏1小时,待凝固后脱模。

这样吃身体好

橙子富含维生素C和钾,可以提高宝宝免疫力。

西蓝花泥

准备好: 西蓝花2大朵,盐适量

这样做:

① 西蓝花切小朵,放入碗中,加适量水和盐,浸泡10分钟,取出冲洗干净。

② 西蓝花开水下锅,焯3分钟后捞出,过凉水,去梗,放入蒸盘,上锅蒸15~20分钟至熟。

③ 西蓝花放入辅食机,加适量温水,搅打成泥。

这样吃身体好

西蓝花中维生素和矿物质的含量相对高于其他蔬菜,其中丰富的维生素C有利于提升宝宝的免疫力。

膳食纤维、维生素C、钙

番茄鲫鱼汤面

准备好: 鲫鱼(小)1条,番茄1个,西蓝花1朵,宝宝面条1袋,葱结、姜片、植物油各适量

这样做:

① 鲫鱼去鳞和内脏后洗净,鱼身上划几刀;番茄洗净,切丁;西蓝花洗净,切碎。

② 油锅烧热,下鲫鱼煎至两面金黄后放入番茄丁,炒出汁水后将鲫鱼捣碎,加入开水、葱结、姜片,煮20分钟。

③ 鱼汤过筛几遍,确定无刺后倒入锅中,煮开后放入面条,煮熟后放入西蓝花碎,煮2分钟。

这样吃身体好

番茄鲫鱼汤面富含优质蛋白、钙和多种维生素,尤其是维生素C和番茄红素的含量较为丰富,这些营养素能帮助宝宝强壮身体。

蛋白质、维生素C、钙、番茄红素

苹果泥

准备好： 苹果1个

这样做：

❶苹果洗净，去皮、去核，切小块。

❷苹果块放入辅食机，加适量温水，搅打成泥。

这样吃身体好

苹果泥中含有维生素C、果酸和膳食纤维，可以维护宝宝的肠胃功能，促进宝宝健康成长。

膳食纤维、维生素C

蓝莓溶豆

准备好：

蓝莓1盒，配方奶粉25克，鸡蛋3个，玉米淀粉12克，柠檬汁适量

这样做：

❶打鸡蛋，分开蛋黄、蛋清；蓝莓洗净，放入辅食机搅打成泥后倒入锅中，小火熬成蓝莓酱后拌入奶粉。

❷蛋清中加入柠檬汁，用搅拌机打出丰富的泡沫，加入玉米淀粉打发至有明显纹路。

❸取1/3蛋白霜放入蓝莓酱，拌匀后倒回剩余蛋白霜中，快速翻拌至无气泡。蛋白霜装入裱花袋，烤盘上放烧烤纸，挤上溶豆。烤箱预热，放入溶豆，上下火100℃，烤50分钟。

这样吃身体好

蓝莓除了含有维生素、膳食纤维及矿物质外，还含有花青素等，适量食用有助于宝宝健康成长。

蛋白质、维生素、钙、花青素

蔓越莓米糕

准备好：

大米100克，低筋面粉35克，酵母粉2克，配方奶100毫升，菠菜粉、紫薯粉、南瓜粉、蔓越莓干各适量

这样做：

❶ 大米洗净，加水浸泡1晚后放入辅食机，加入配方奶，搅打成米浆；米浆过筛后拌入酵母粉、低筋面粉，盖上保鲜膜，发酵至2倍大。

❷ 米浆搅拌去气泡，分成4份，3份分别拌入菠菜粉、紫薯粉、南瓜粉。

❸ 模具中放入蔓越莓干，倒入4种米浆，8分满即可，盖上保鲜膜，上锅蒸20分钟。

这样吃身体好

蔓越莓含维生素C、黄酮类化合物和果胶，有助于提高宝宝抵抗力，搭配紫薯，营养更丰富，更有利于宝宝的成长发育。

碳水化合物、蛋白质、维生素C、花青素

紫薯芝麻饼

准备好：紫薯1个，饺子皮、黑芝麻、植物油各适量

这样做：

❶ 紫薯洗净，去皮切块，上锅蒸熟后捣成泥。

❷ 饺子皮中包入紫薯泥，再压成饼状。

❸ 锅中刷油，放入紫薯饼，饼表面刷点水，撒黑芝麻，小火煎至饼熟，过程中注意翻面。

这样吃身体好

紫薯属于薯类，含有丰富的淀粉、钾等，而且紫薯中的天然花青素具有抗氧化功能，有利于维护宝宝的健康。

膳食纤维、花青素

特别鸣谢

（排名不分先后）

陈慧玲	陈　璐	陈　曼	陈素华
崔佩欣	房露露	冯　丹	黄亚玲
吉小荣	姜　洋	李　利	李新华
梁佳艺	刘东娟	刘海娟	刘　念
刘维娜	刘卫彬	刘子瑜	柳瑞瑞
陆晓宏	罗巧燕	麻超越	苗德娟
宁廷廷	潘　媛	乔艳萍	秦利晴
全晓燕	宋　瑾	田梦珠	王良淇
王伟娜	王　新	王学权	王雅琪
温小荣	肖佩珊	邢碧姗	杨佳佳
杨若萍	张　彪	张　妍	赵志慧
赵自然	郑巧燕	周佳媚	朱应佳

祖丽呼玛尔·沙吾提　　佐　昂

感谢以上自媒体博主对本书中辅食制作视频的
分享与支持。